タグチメソッド
による技術開発

基本機能を探索できるCS-T法

細川哲夫 著

日科技連

まえがき

　筆者が初めて自分の開発テーマにタグチメソッド（以後，品質工学と呼ぶ）を活用したのは 1992 年のことです．その結果，業界では不可能とまで言われた難易度の高い技術の開発に成功し，1995 年の春にはその技術を使った製品を事業化することができました．それから 30 年近く，技術者として，また推進者として数々のテーマに品質工学を活用してきた経験を通じて実感したことは，品質工学は，開発設計プロセスの上流に行けば行くほどその活用効果が大きいということです．

　品質工学の体系を構築した田口玄一博士は，「技術者は創造能力がないわけではない．自分の現在のアイデアが駄目だと明白にならない限り次のアイデアを考えようとしない．したがってアイデアの評価の合理化，特に予測評価が大切である」と述べています．「アイデアの評価の合理化，特に予測評価」が品質工学を研究開発や先行開発などの開発設計プロセスの上流で活用する戦略的な狙いなのです．このことの本質を再確認したうえで，品質工学の戦略をより効果的に実践できる新しい技法を紹介したいという想いで，本書を執筆しました．

　品質工学は，最適化を効率化するための手法であるという理解が現在でも一般的かもしれません．たしかに最適化手法としての品質工学にも有効性があります．しかしながら，AI ツールによる自動最適化の活用が進んでいる状況においては，最適化手法としての品質工学の存在意義が従来に比べて低くなっていくことは避けられないでしょう．性能やロバスト性を改善する効率性の企業間差が生じにくい環境になってきたともいえます．さらに重要なことは，グローバル化した企業間競争の中で，かつて日本が得意としていた，壊れない，いつでも機能するという意味での高品質を実現することから，お客様の期待を

超える商品を実現するという次元に競争軸がシフトしていることです．かつてのような横並び競争ではなく，独自技術にもとづく差別化された製品を市場投入できる企業のみが生き残れる時代になりました．もちろん，いつでも機能するという意味での十分なロバスト性を実現することは，いつの時代でも必須ですが，それに加えて，お客様の期待を超える製品を継続的に提供することが現在の企業や組織に求められています．その期待に応えるために企業や組織は，製品開発プロセスが目指す方向性を効率性の実現から，創造性と効率性の両立実現へと変革する必要があります．

　このように変化する時代の要請に応えるために本書では，開発設計プロセスの上流で品質工学を有効活用するための方法を解説したうえで，創造性と効率性を両立することを目指した新しい技法 CS-T 法を紹介します．CS-T 法を活用することによって，これまで技術者の発想に頼って定義していた基本機能を実験的に見つけ出すことが可能になります．さらに実験回数を減らすことも可能となります．また，本書は品質工学の戦略と CS-T 法の狙いを理解することを優先するために，SN 比の計算方法や CS-T 法の解析手順に関する内容を付録に記載する構成としました．これは，品質工学を実際に活用したことのある方々だけでなく，品質工学を学んだことがない工学系の学生から技術者，さらにはマネジメントの方々まで幅広く多くの皆様に品質工学の有効性と活用方法を知っていただきたいという想いからです．本書が皆様の課題のブレークスルーにお役立ちできれば幸いです．

　2020 年 4 月

　　　　　　　　　　　　　　　　　　　　　　　　細　川　哲　夫

タグチメソッドによる技術開発
目　次

第 1 章

創造技法としての品質工学

　製造業がグローバル競争で生き残るためには独自技術にもとづく差別化された製品を効率的かつ継続的に市場投入することが必須となってきています．それを実現するためには開発設計プロセスの上流にあたる技術開発の活動の質的な変革が必要です．本章では従来から広く実施されている一般的な技術開発の活動の課題を明らかにし，その解決の方向性を示します．

1.1　従来からの開発設計プロセスとその課題

(1)　技術開発と製品設計

　図 1.1 に従来から一般的に実施されている開発設計プロセスを示します．多くの製造業企業ではボトルネックとなっている技術の課題解決や将来製品のための技術を獲得する「開発活動」と実際の製品を実現する「設計活動」を分けています．本書では，開発活動と設計活動の目的の違いを明確にするために各々の活動を「技術開発」，「製品設計」と呼ぶことにします．以下に従来から一般的に行われてきた技術開発と製品設計を説明します．

(2)　計測特性

　図 1.1 の的の中心が目標値であるとします．例えば，光ディスクや磁気ディ

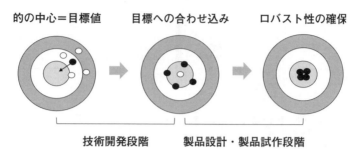

図 1.1　従来からの一般的な開発設計プロセス

スクであれば記録密度を決める媒体上の記録マークの寸法であり，複写機プリンターであれば印刷速度を決める用紙送りの搬送速度などです．ここで，目標値を定量化する記録マークの寸法，用紙搬送速度などを「計測特性」と呼び，記号 y で表します．計測特性 y が目標値に近いほど「性能」が良いことになります．

　従来からの一般的な技術開発では，最初に計測特性 y の目標値を実現する性能確保を目指します（図 1.1 左の的の矢印）．例えば，光ディスクであれば目標寸法のマークを記録できる技術を確立することであり，複写機プリンターであれば目標の用紙搬送速度を実現することを最初に目指します．

(3)　ノイズ因子

　市場や製造現場には計測特性 y の値に影響を与える要因が多数存在します．品質工学ではそれらの要因を「ノイズ因子」と呼びます．ノイズ因子には次の3種類があります．

① 　外乱による影響：温湿度などの環境変動，複写機プリンターにおける用紙の品種のようなお客様の使用条件の違い

② 　内乱による影響：構成する部品，部材の劣化

③ 　もののばらつきによる影響：部品や部材の個体差

一般的に，これらノイズ因子は開発設計プロセスの上流である技術開発の段

階では潜在化しやすく(図 1.1 左の 4 つの白丸),製品設計から試作,量産段階へと製品化プロセスの下流に行けば行くほど顕在化してきます(図 1.1 真ん中の 4 つの黒丸).その理由は大きく 2 つあります.一つは技術を開発する上流段階ではノイズ因子を積極的に取り上げずに目標値の達成を目指すマネジメントが一般的に行われていることが挙げられます.もう一つは,技術開発段階では市場や量産現場で存在するノイズ因子を再現することが困難な場合があることです.例えば,光ディスクの開発において,温度変化のノイズ因子を取り上げるためには,大きな計測装置を恒温槽に搬送しなければならないなどの困難が伴う場合が少なくありません.製品設計段階に入れば小さな製品ドライブ装置が入手可能となるので,記録再生中に温度を変えることが容易になります.

(4) 計測特性が安定しない理由

このような理由から,製品化プロセスの上流の技術開発段階ではノイズ因子の影響が少ない中で計測特性 y の目標達成を目指すことになりやすいのです.しかしながら,技術開発段階で性能目標を達成した後に製品設計や製品試作段階に入り,実際の製品サンプルが入手可能になるとノイズ因子が顕在化し,計測特性 y が中心の目標値から外れてしまう現象が多発します(図 1.1 真ん中の的の黒丸).よって,このノイズ因子の影響を抑制する活動を製品設計や製品試作段階で行うことになりますが,ここに大きなリスクが存在するのです.それは,図 1.1 の右の的のようにノイズ因子が存在する中で計測特性 y の値の変化量を小さくするためには,長期間の活動が必要になるケースが多いからです.

例えば,製品を構成するモジュールやデバイスなどの構造や多数の設計パラメータ(以後,「制御因子」と呼ぶ)の水準を変更しなければ図 1.1 の右のように計測特性 y の値が安定化しないことが多いのです.ところが,製品設計から製品試作に至る段階ではそのような活動を行う余裕はありません.多くの場合,製品設計段階で実施できることは,少数の制御因子の水準を狭い範囲で調整する程度に限定されてしまいます.その結果,計測特性 y が安定せず,性能の目標値を下げることによる商品の魅力度低下や高価な部材や部品の採用に

よるコストアップを招くことになってしまいます．あるいは，製品設計や製品試作段階に入った後にモジュールやデバイスなどの構造を変える技術開発活動を実施し，製品出荷の納期を遅らせることになってしまいます．

　以上が従来からの開発設計プロセスの問題であり，製品を構成するモジュールやデバイスなどの構造を大きく変更できる技術開発段階において，ノイズ因子に対する計測特性 y の値の安定性を確保することが現在でも大きな課題となっている理由です．これ以降は，この計測特性 y の値の安定性のことを「ロバスト性」と呼びます．

1.2　光ディスクにおけるロバスト性

(1)　レーザーとスポット形状のロバスト性

　CD，DVD，Blu-ray などの光ディスクや複写機プリンターではレーザーと光学部品を組み合わせた光学モジュールを用いて情報や画像の記録を行います．ここでは光ディスクの光学モジュールを題材にしてロバスト性を確保する必要性について説明します．図1.2 に光ディスクへの記録のイメージを示します．また，図1.3 に実際の光学モジュールを示します．図1.3 の丸で示したところにレーザー，レンズ，偏光子などの重要光学部品が装着されています．

　光ディスクのドライブ装置の光学モジュールに要求される機能は，レーザーから出射したビームを複数の光学部品を介して理想のスポット形状に結像する

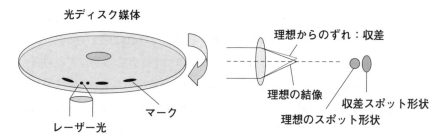

図1.2　光ディスクへの書き込み

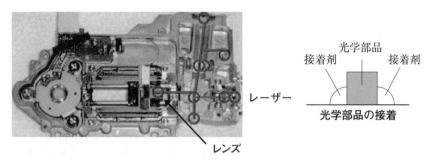

図1.3　光学モジュールの技術開発対象

ことによって狙いのマーク形状を光ディスク媒体に記録し，記録されたマーク
を同じレーザーを使って再生することです．このとき，温度変化や劣化などの
ノイズ因子が存在してもマーク形状の乱れが十分に小さくなければなりません．
また，正しくマークを再生しなければなりません．しかしながら，実際には温
度変化によって，レーザー光のパワーが変化する，光学部品の位置がずれる，
などの現象が発生し，記録や再生動作に影響を与えてしまいます．

　例えば，図1.3のように接着剤を光学部品の側面に塗布するようなケースで
は，温度変化や劣化現象によって接着剤の形状や硬さが変化し，それによって
光学部品の位置がずれてしまい，図1.2のようにスポット形状が理想からずれ
る現象が発生します．この現象を「収差」と呼びます．また，レーザーを構成
する材料が劣化することによってレーザー光のパワーが低下する現象も発生し
ます．そして，温度変化や劣化などのノイズ因子がレーザーパワーやレーザー
ビームのスポット形状に与える影響がある一定の値以上になったときに，お客
様の情報を正しく再生できないエラーという市場品質問題が発生します．よっ
て，温度や劣化などのノイズ因子に対して計測特性であるレーザー光のパワー
やビームのスポット形状のロバスト性を確保する必要があります．

(2)　ロバスト性の不足によるスペックダウン
ここで重要なことは，開発設計プロセスのどの段階でロバスト性を確保すべ

きかを適切に判断することです．もし，ノイズ因子を考慮せずに室温で劣化も
させない条件で記録再生のエラーがないことを技術開発の完了要件としていた
ら，製品設計において十分なロバスト性を確保することが困難になってしまい
ます(図1.1)．なぜならば，ロバスト性を確保するためには，接着剤の材料変
更やレーザーの構造変更など，本来は技術開発段階で完了させるべき試行錯誤
を伴う活動が必要になるケースが多いからです．製品設計段階では図1.3に示
した光学モジュールだけでなく，トータルシステムであるドライブ装置を構成
する複数のサブシステムが完成済みであることを前提に納期までの限られた期
間内にドライブ装置を完成させることが求められます．その過程で，たった一
つのサブシステムのロバスト性不足が製品スペックの低下の要因となる場合も
あります．

　例えば，製品設計段階で光学モジュールの重要部品であるレーザー光のパ
ワーのロバスト性が不足していることが判明し，しかも製品出荷時期は延期で
きない場合を考えます．このケースではロバスト性向上のためにレーザーの構
造を変更する技術開発の時間を確保できないため，スペックダウンして出荷す
るしかありません．なぜならば，ロバスト性とレーザー光のパワーはトレード
オフの関係にあり，耐久性などのロバスト性を確保するためにはレーザー光の
パワーを下げるしかないからです．

　具体的には，10年間の耐久性を保証するためにはレーザー光のパワーを
30％下げるしかないというような状況です．そして，レーザー光のパワーと設
定可能な光ディスク媒体の回転数の間には比例関係があるので，レーザー光の
パワーの低下は回転数の低下に直結します．回転数を下げることは記録と再生
の時間の増加というスペックダウンにつながります．また，温度や劣化によっ
て接着剤の形状や硬さなどの物性値が変化し，図1.2の収差が大きくなると小
さなマークを正しく検出することが困難となり，最小マーク径を大きくしなけ
ればエラーを抑制することができなくなります．マーク径を大きくすることは
記録密度の低下に直結し，記録容量を下げるというスペックダウンにつながり
ます．

(3) ロバスト性確保の必要性

技術開発段階でロバスト性を確保する必要性をまとめると以下のとおりです.

① 多くの場合,性能とロバスト性はトレードオフの関係になります.そしてロバスト性の不足は市場での不具合につながるので,性能とロバスト性がトレードオフ関係にある場合はロバスト性を優先して確保する必要があります.したがって,十分な性能を達成し,高い製品価値を実現するためには,その前提として十分なロバスト性を確保しておく必要があります.

② ロバスト性を向上させるためにはサブシステムの構造,あるいはサブシステムを構成するデバイスや材料の変更が必要となるケースが多いのですが,製品設計段階ではその時間的余裕がありません.また,製品設計段階でのサブシステムやデバイスの構造を変更することは多大なコストがかかることが多いのです.よって,ロバスト性は製品設計の前の技術開発段階で確保する必要があります.

1.3 品質工学への期待

(1) 2段階設計による性能とロバスト性の両立確保

前節で述べた従来の開発設計プロセスの課題を解決する方法を図1.4に示します.このプロセスのポイントは,サブシステムやサブシステムを構成するデバイスの構造や制御因子の水準を変更できる自由度が高い技術開発段階で積極的にノイズ因子を取り上げて,計測特性 y を安定させてロバスト性を確保することにあります.その後の製品設計段階で目標値への合わせ込みを実施します.この最初にロバスト性を確保し,その後に目標値への合わせ込みを実施するアプローチを「2段階設計」と呼びます.

この2段階設計を実現するために活用される技法が第3章で説明する機能性評価とロバストパラメータ設計と呼ばれる品質工学の代表技法です.「機能性評価」はロバスト性を評価する技法であり,「ロバストパラメータ設計」はモ

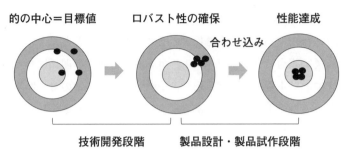

的の中心＝目標値　　**ロバスト性の確保**　　**性能達成**

合わせ込み

技術開発段階　　**製品設計・製品試作段階**

図1.4　2段階設計による開発設計プロセス

ジュール，デバイス，工法などの技術開発対象（以後，技術開発対象を総称して「システム」と呼ぶ）の制御因子の水準を最適化する技法です．つまり，システムのロバスト性を最高レベルにする技法です．そして，**図1.4**の真ん中の的のように，技術開発段階でロバスト性を確保できれば前節で述べたような製品設計段階での問題の発生を大幅に抑制できます．

(2)　2段階設計とフロントローディング

　この2段階設計には大きなメリットがあります．それは，製品設計活動（目標値への合わせ込み）は企画から目標値が提示された後でしか実施できませんが，ロバスト性の改善は目標値が示される前に実施できることです．ロバスト性の先行確保は可能なのです．ここで重要なことは，技術開発段階では計測特性 y の値を目標値に合わせ込むことをせずに，将来の製品設計段階での性能のチューニング可能範囲を十分広く確保することです．すなわち，計測特性 y の値の範囲を十分に広くとってロバスト性を確保しておく必要があります．

　このように，製品設計前に計測特性の設定範囲とロバスト性を両立確保することを目的として，製品化プロセスの上流にリソースを投入することを「フロントローディング」と呼びます．品質工学の機能性評価とロバストパラメータ設計は，フロントローディングを効率的に実現する技法なのです．

1.4　フロントローディング実現の課題

　図1.5にフロントローディング型の製品化プロセスを実現するための課題を示します．製造業における一般的な製品化の流れは，製品企画および技術開発（研究開発と先行開発），製品設計，製品試作，量産，市場投入という順番からなります．

　図1.5の製品化プロセスの中で最も付加価値を生まないプロセスが製品試作です．製品設計完了後の製品試作の本来の目的は企画からの要求仕様（計測特性yの目標値とその許容差）を達成していることを実製品サンプルで確認することであり，原則として1回で完了させるべきものです．理想はシミュレーションを活用した開発・設計によって試作レスで，量産段階に入ることです．しかしながら，技術開発段階で十分にロバスト性を確保しない従来の製品化プロセスでは，製品試作段階でさまざまな問題が顕在化してしまうことは前述の

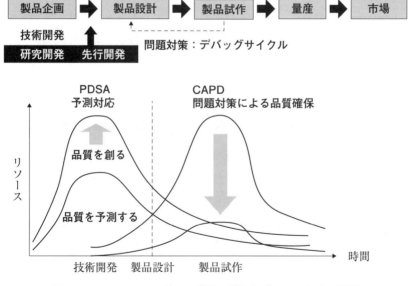

図1.5　フロントローディング型の製品化プロセスとその課題

とおりです．その問題対策アプローチが，**図1.5**のデバッグサイクルなのです．

　このデバックサイクルを本来の「PDCA」あるいは「PDSA」(plan, do, chech or study, act)に対して，C(check)のための試作を起点とした「CAPD」サイクルと呼ぶこともできます．PDCA や PDSA サイクルとは前述したように技術開発段階で性能とロバスト性の両立を確保し，製品試作段階での問題発生を根本対策するプロセスであるともいえます．

　品質工学を活用した開発プロセスの具体例は**第3章**と**第4章**で紹介します．

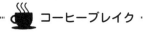 コーヒーブレイク

CAPD が有効であった時代

　製品化プロセスが CAPD サイクルから抜け出せない歴史的要因を説明します．日本がキャッチアップしていた時代は試作して問題を顕在化させてから直す CAPD デバッグサイクルのほうが PDCA や PDSA サイクルよりも効率的でした．つまり，技術開発に時間をかけずに早期に製品設計段階に入り，できるだけ早く実物を作って問題を抽出することを優先する方法が有効であった時代があったのです．

　このアプローチが有効であった要因は，当時の欧米の先行他社が技術を完成させていて，日本企業はそれを導入する状況にあったからです．完成した技術を導入して製品化する場合は技術開発を行うことなく製品設計から始まるので，試作段階での問題解決に時間とリソースを集中投入することができます．そのため，計測特性の目標値を達成しながらロバスト性を確保することが可能です．なぜならば，市場で問題が起きないとわかっている完成した技術を導入しているので，問題を下流に先送りするやり方でもリスクが少ないからです．むしろ，技術開発にリソースを投入するよりも CAPD のほうが効率的かもしれません．大きな技術課題のない横並び競争でも同様に CAPD サイクルが有効性をもつことが多いでしょう．

しかしながら，現在の日本は当時とは状況がまったく異なります．各企業が独自に考案し，差別化された技術を利用して製品化を実施することが当然のことになっています．解があるかどうかわからない，素性が明確でない状態で製品設計段階に入ることは大きなリスクを伴います．このような現在の日本の状況での課題は，技術開発段階で下流におけるロバスト性を予測し，さらにはロバスト性を確実に創り込むことです．本書ではロバスト性の"創り込み"と"作り込み"を以下のように区別します．

- 創り込み(create)：従来にない新たな構造，材料，制御因子などを用いたシステムを考案することによってロバスト性を確保すること．
- 作り込み(make)：既存システムの既知の制御因子の水準を最適化することによってロバスト性を確保すること．

1.5 狩野モデルとロバスト性

(1) 性能と一元的品質

品質分野で世界的に有名な「狩野モデル」と呼ばれる品質の定義によって，1.2節で述べた光学モジュールにおけるロバスト性とレーザー光のパワーのトレードオフ関係をうまく説明することができます．図1.6に狩野モデルを示します．狩野モデルでは品質を「一元的品質」，「当たり前品質」，「魅力的品質」の3つで定義しています．一元的品質とは充足されればされるほどお客様の満足度が上がる特性です．レーザー光のパワーは一元的品質に相当します．なぜならば，1.2節で説明したようにレーザー光のパワーを高くすることによって，光ディスク媒体の回転数を高く設定できるようになり，記録再生時間の短縮を実現できるからです．記録再生スピードは高ければ高いほどお客様の満足度は向上します．

一元的品質はカタログにスペックとして記載される性能に相当します．

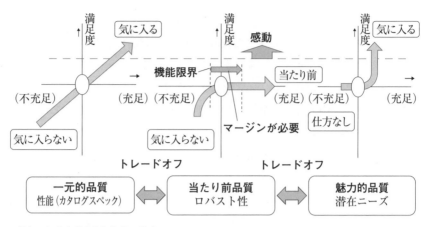

注）　参考文献[7]を参考に作成

図1.6　狩野モデルの3つの品質

(2) ロバスト性と当たり前品質

当たり前品質とは，充足度が高くなっても満足度の向上には結び付かないけれども，充足度があるレベル以下になると不満が増大するような特性です．光ディスクにおいては，記録再生のエラーが当たり前品質の代表です．5年に1回発生するエラーを10年に1回に半減したとしてもお客様の満足度の向上はほとんどありません．しかしながら，毎日1回の割合でエラーが発生したらクレームになるでしょう．

例えば，劣化によってレーザー光のパワーが低下し，記録エラーが発生するケースです．レーザー光のパワーは多少変化してもマージン（余裕度）があるのですぐには記録エラーには至りませんが，ある一定値以下，例えば目標値に対して15%低下するとエラーが急激に増加します．それが**図1.6**の当たり前品質の「機能限界」です．

そして，マージンの矢印の長さが，レーザー光のパワーが15%低下するまでの積算使用時間です．この機能限界までのマージンがロバスト性に相当します．このマージンが少ないとわずかなノイズ因子の影響で機能限界に至ってし

まいます.

　レーザー光のパワーが一元的品質,ロバスト性が当たり前品質に相当することからわかるように,一元的品質と当たり前品質は多くの場合トレードオフ関係になります.

(3) 魅力的品質

　魅力的品質は,それが充足されていなくてもお客様は不満ではないけれども,充足されると満足度が向上するものです.例えば,ソニーのウォークマンが代表例です.音楽は室内で聞くことが常識だった時代に,歩きながら聞けないカセットテープデッキに不満の声を上げるお客様はいませんでした.ところが,それが実現されると満足度が急激に向上します.新しい機能をもった製品の実現が魅力的品質につながります.

　新しい技術による魅力的品質の実現においても,当たり前品質とトレードオフするケースが多くなります.

(4) 日本企業に求められていること

　現在の日本企業に求められていることは,お客様の期待を超える製品の実現です.それが図1.6の点線であり,これを超えることでお客様に感動を与えることを目指します.そのための課題が,既存技術では実現できない高い一元的品質や魅力的品質を実現しながら当たり前品質を確保することであり,それを技術的な言葉で表現すると性能とロバスト性を両立確保することとなります.

(5) 研究開発と先行開発

　ところで,図1.5ではロバスト性を創り込む技術開発活動には大きく「研究開発」と「先行開発」の2つのステージがあるとしています.ここで,研究開発の目的はお客様の期待を超える性能や潜在ニーズの実現を目指して,自社が保有する独自技術を完成させる活動であり,図1.6に示した狩野モデルの一元的品質を大幅に向上させる,あるいは新たな機能の実現などの魅力的品質を実

現し，お客様に感動を与えることを目的とします．

　多くの場合，「研究開発」は中長期で2〜3年の取組み，あるいはそれ以上の期間を要することもあります．一方，「先行開発」とは商品企画からの要求に応えるために抽出されたボトルネック技術の性能とロバスト性を確保する活動であり，製品設計段階に入る前に一元的品質や魅力的品質の目標を達成する活動です．一般的に先行開発は半年〜2年の期間で実施します．

1.6　製品化プロセスにおける有効な手法・技法

　本章のまとめとして，企画から製造に至る製品化プロセス全体で活用される各種手法と技法を俯瞰したうえで本書の位置づけを明確化します．**図1.7**に製品化プロセスと各ステップで有効な手法・技法を示します．

(1)　製品試作から製造の段階で活用される管理手法

　性能やロバスト性を改善，予測する技術は歴史的に製品化プロセスの下流から上流に向けて進化してきました．日本で最初に活用された品質手法である「QC（quality control）」は，戦後間もなくデミング博士を始めとする米国の品

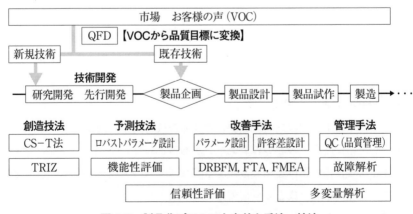

図1.7　製品化プロセスと有効な手法・技法

質の専門家らの指導によって導入されました．その目的は真空管など，当時の日本の工業製品の特性ばらつきを改善することであり，製造プロセスを科学的に管理する「SQC（statistical quality control）」などの手法が国内で広まりました．米国から導入された管理手法が，その後日本国内で独自の発展を遂げて「TQC（total quality control）」，「TQM（total quality management）」へと進化し定着しています．

QC 手法は製造現場でのさまざまな問題解決や改善に有効であり，現在では世界中で活用されていますが，QC 手法は顕在化した問題を解決する CAPD アプローチがベースになっているため，技術開発や製品設計段階での有効性は十分とはいえません．

製造段階で有効な手法の中には工程で発生した品質問題の原因を検出する「多変量解析」があります．IT 技術の発展に伴って多変量解析による製造工程の管理には変革が起きています．例えば，従来は工程での特性のばらつき原因を解明する解析手法としては「重回帰分析」が一般的でしたが，現在では工程の異常を高感度に予測検出する「MT（Mahalanobis Taguchi）法」が AI 手法の一種として幅広く製造工程に導入されるようになってきました．これら最新の AI 手法は，製造段階の問題対策や効率化が目的であるという意味では，古くからの QC 手法と同じカテゴリーにあるといえます．

(2) 製品設計段階で活用される改善手法

製造現場の問題解決や改善の手法の限界を超える方法論として，品質工学の各種技法や考え方が提案され，1990 年代から日本を中心に普及が進んでいます．特に「パラメータ設計」は制御因子の水準を最適化することによって性能とロバスト性を改善する手法として幅広く活用されるようになりました．また「許容差設計」も公差を合理的に設定する手法として有効です．

パラメータ設計や許容差設計は実験的なアプローチで性能やロバスト性を改善しますが，技術者がもっている知見を利用して，品質問題の発生リスクを顕在化させるアプローチが DRBFM（design review based on failure mode），

FTA (fault tree analysis), FMEA (failure mode and effects analysis) などの
「信頼性技術」です．DRBFM, FTA, FMEA はパラメータ設計や許容差設計
のような実験を伴わないので，品質問題を扱う対象を広く設定できるというメ
リットがあります．パラメータ設計，許容差設計，DRBFM, FTA, FMEA
に共通していえることは，これらの手法の活用は，対象となるシステムの基本
構造が決まり，部品や部材などの構成要素も決定しているという前提があるこ
とです．したがって，これらの手法が最も有効な場面は実際の製品を設計する
段階になります．

(3)　技術開発段階で活用される予測技法

　製品設計に入る前の技術開発段階で活用されている技法としては，前述した
品質工学の機能性評価や信頼性評価などの品質予測技法があります．例えば，
機能性評価を活用することによって，考案あるいは選択したシステムのロバス
ト性をベンチマーク(例えば，既に市場に投入されている既存のシステム)対象
と比較評価することができます．

　機能性評価を実施した結果，ロバスト性がベンチマーク対象と同レベルかそ
れ以上であることを確認できた場合には製品設計段階に進むことが可能と判断
します．

　ロバストパラメータ設計の目的は機能性評価の実施の前にシステムを最適化
すること，さらには性能とロバスト性の両立範囲を評価することです．信頼性
評価の目的も機能性評価と同じですが，信頼性評価の評価対象は時間軸上の計
測特性の変化であり，温湿度変化やお客様の使い方の違いのような外乱ノイズ
因子を評価対象としないのでトータルな評価ができないというデメリットがあ
ります．また，機能を失うまでの時間を特性値とするので，測定に時間がかか
るというデメリットもあります．一方で，機能性評価のようにベンチマーク対
象との相対評価ではなく，寿命の絶対時間の推定が可能というメリットがあり
ます．

　よって，機能性評価は技術開発活動を進めている期間に実施することが有効

であり，信頼性評価は技術開発が完了した後の最終確認での実施が有効といえます．

(4) 技術開発段階で活用される創造技法

ロバストパラメータ設計，機能性評価，信頼性評価ともロバスト性を予測判断するための技法であり，その狙いは**図1.5**の「品質を予測する」ですが，予測するだけではロバスト性を確保することはできません．技術開発活動におけるもう一つの大きな課題は，高い性能を維持しながらロバスト性を創り込むことです．前述したようにロバスト性を創り込むためにはシステムの構造，あるいは制御因子を考案する必要があります．その創造活動に方向性を与えるのが「TRIZ」です．TRIZ の実施そのものは DRBFM，FTA，FMEA と同様に実験を実施する必要がないので，少ないリソースの投入で成果を期待できるというメリットがあります．ただし，TRIZ から得られる技術情報は構造や方式をどのような方向で考案すべきかの大きな方向性やヒントであり，性能とロバスト性の目標達成までにはその後に多くの試行錯誤が必要であるという意味では従来からの技術開発活動の骨格を変える技法ではありません．

(5) QFD の位置づけ

図1.7の QFD（quality function deployment）はここまで議論してきた手法や技法と位置づけが異なります．技術開発段階における QFD の目的は，市場のお客様の声（voice of customer：VOC）を整理し，それを計測可能な特性に変換し，その目標値を与えることなので，技術者が日常業務で使う手法・技法ではなくマネジメントの仕組みと位置づけられます．

(6) CS-T 法の位置づけと狙い

製品化プロセスの中での有効な手法・技法を俯瞰しましたが，**図1.7**からわかるように，技術開発のプロセスの骨格であるシステムの構造，材料や制御因子を考案する活動を直接的に支援する技法がこれまで存在していませんでした．

本書の目的は，システムの構造，材料や制御因子を考案する創造的活動の質を向上することができる技法とその活用プロセスを提案し，その有効性を事例によって示すことです．ここで，質の高い技術開発活動とは技術者の創造性が性能とロバスト性両立確保に向けて効果的に引き出されている状態のことです．技術者の創造性が効果的に引き出された結果として技術開発活動の効率化が実現します．そのための最も有効な技法が第4章で紹介するCS-T（Causality Search T-Method）法です．

(7)　手法と技法の使い分け

ここまで"手法"と"技法"を使い分けてきましたが，それには次のような意味があります．手順に従って，既存のデータや各種情報をインプットすることで誰でも同じ結果が得られるものを「手法」としています．一方，手順をベースにはしますが，インプットすべき技術情報を考案することが要求される方法論を「技法」と呼ぶことにします．

前述したシステムの構造や制御因子，あるいは図1.6の当たり前品質のマージンの評価方法なども考案する対象の一例です．活用成果がインプット情報の質に大きく依存するものが技法であるともいえます．製造から製品設計，製品設計から技術開発へと製品化プロセスの上流に行けば行くほど質の高いインプット情報を創造的に考案することが必要になってきます．

第1章の参考文献

［1］　田口玄一(1988)：『品質工学講座1　開発設計段階の品質工学』，日本規格協会.
［2］　田口玄一(2000)：『ロバスト設計のための機能性評価』，日本規格協会.
［3］　田口玄一(2001)：「機能設計(合わせ込み，チューニング)」，『品質工学』，Vol. 9，No. 3，pp. 5-10.
［4］　久米均(2005)：『品質経営入門』，日科技連出版社.
［5］　大塚秀樹(2017)：『作らずに創れ』，講談社.
［6］　細川哲夫，高橋秀明(2006)：「光ディスク装置の光学収差安定化のための技術

開発」,『品質工学』,Vol. 14,No. 6,pp. 63-70.

[7]　狩野紀昭,設楽信彦,高橋文夫,辻新一(1984):「魅力品質と当り前品質」,『品質』,Vol. 14,No. 2,pp. 39-48.

[8]　盛田昭夫ライブラリー(2013):『ソニー創業者 盛田昭夫が英語で世界に伝えたこと』,中経出版.

[9]　田口玄一(2002):『品質工学応用講座　MTシステムにおける技術開発』,日本規格協会.

[10]　真壁肇,鈴木和幸,益田昭彦(2002):『品質保証のための信頼性入門』,日科技連出版社.

[11]　吉村達彦(2002):『トヨタ式未然防止手法 GD^3』,日科技連出版社.

[12]　塩見弘(1968):『信頼性入門』,日科技連出版社.

[13]　井上義治(2004):『技術者のための問題解決手法 TRIZ』,養賢堂.

[14]　水野滋,赤尾洋二(1978):『品質機能展開』,日科技連出版社.

第 **2** 章

技術開発における実験の基礎知識

　実験には大きく2つの異なる目的があります．それは，主に科学の分野で行われる検証を目的とした実験と，工学分野で行われる発見を目的とした実験です．科学の分野においては，理論的な仮説を検証するための実験が行われますが，その特徴は実験対象を観察することを基本的な立場とすることにあります．一方，工学分野の技術開発段階では対象の計測特性の値を変化させることを目的とした実験が必要になります．ここで，実験対象となるシステムの計測特性の値を変化させるためには制御因子の水準を変える必要があり，その際に従来にない制御因子の水準を変えた結果，計測特性の値が変化した場合にそれを「発見」と呼ぶことができます．その発見が性能やロバスト性を大幅に向上させた場合は，それを「発明」と呼ぶことがです．本章では発見や発明を目的とした実験を行ううえで知っておきたい知識を説明します．

2.1　1因子実験の問題点

(1)　1因子実験と効果の再現性
　図2.1に一般的に実施されている実験方法である「1因子実験」の例を示します．簡単のために A と B の2つの制御因子があり，目的とする計測特性 y の値が，例えば強度のように，大きければ大きいほど良い望大特性であるとし

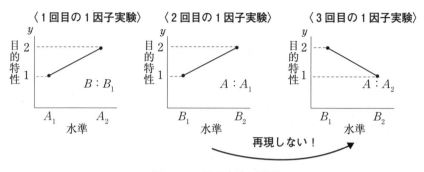

図2.1　1因子実験の問題

ます．このとき，1回目の実験は制御因子 B の水準を第1水準に固定し，制御因子 A の水準を第1水準から第2水準に変更した結果，計測特性 y の値が1から2に改善したとします．次に制御因子 A の水準を第1水準に固定し，制御因子 B の水準を第1水準から第2水準に変更した結果，こちらも計測特性 y の値が1から2に改善したとします．この時点で，2つの制御因子 A と B は計測特性を改善する効果があり，合わせた効果は $1 + 1 = 2$ なので，両方の制御因子の水準を第2水準に設定すれば計測特性 y の値が3になると期待されます．ところが3回目の実験として，今度は制御因子 A の水準を第2水準に固定して，制御因子 B の水準を第1水準から第2水準に変更する実験を行ったところ，期待とは逆に計測特性の値が悪化(低下)してしまうという現象が起こりえます．つまり，効果が再現しない現象です．

(2)　全組合せ実験の限界

このように1因子実験において効果の再現性が得られない場合に最適条件を見つける確実な方法は全組合せ実験を行うことです．全組合せ実験を行えば必ず最適水準組合せがわかります．制御因子が2種類で2水準の実験ですから**表 2.1** で示した二元配置実験を行えばよいわけです．**図2.1** の結果は**表2.1** の4つの実験の値が，

表2.1 二元配置実験のデータ

No.	A	B	y
1	A_1	B_1	y_{11}
2	A_1	B_2	y_{12}
3	A_2	B_1	y_{21}
4	A_2	B_2	y_{22}

$$y_{11} = y_{22} = 1 \tag{2.1}$$

$$y_{12} = y_{21} = 2 \tag{2.2}$$

のときに得られます.

　この例では4回の実験結果からA_1B_2かA_2B_1が最適条件であることがわかりますが，多くの制御因子を利用しなければ性能やロバスト性の目標に到達しない場合が問題です．仮に目標達成に必要な制御因子が10個あり，2次の非線形を利用するために3水準の実験とした場合，全組合せは$3^{10} = 59049$となり現実的には実験できません.

　詳細は次節以降で説明しますが，図2.1のように効果が再現しない現象は交互作用というものの存在が原因です．交互作用が存在し，かつ性能とロバスト性の目標を達成するために必要な制御因子の数が多い状況での1因子実験は，どこで打ち切るか明確に意思決定できない一種の混乱状態に陥ってしまう危険性があり，それによって技術開発の期間が長期化することが問題なのです．また，1因子実験という部分最適化は試行錯誤が多くなるために，有益な技術情報を得るまでの時間が長くなってしまうという問題もあります.

2.2　計測特性の構造と交互作用

(1)　二元配置実験の解析方法

　制御因子あるいはノイズ因子のように，水準の変更が可能な因子が 2 つ以上
存在し，それらの中の 2 つ以上の因子が計測特性と因果関係をもつときの計測
特性の値を構造的に考えてみます．計測特性の値の意味を構造的に把握するこ
とは 1 因子実験や **2.4 節**で取り上げる直交表実験など，2 つ以上の因子の水準
を変更する実験を実施した結果を解釈するために有益です．これは性能やロバ
スト性の改善を目指すすべて技術者が知っておくべき知識といえます．簡単の
ため 2 つの制御因子 A と B を取り上げた**表 2.2** の二元配置実験から得られた
前出の計測特性 y の構造を考えます．**表 2.2** において，制御因子 A と B の水
準数が 2 のときが前出の**表 2.1** です．ここで，制御因子 A の水準は
$i = 1, \cdots, k$ であり制御因子 B の水準は $j = 1, \cdots, n$ です．

　表 2.2 において全データの合計が，

$$Y = \sum_{i=1}^{k} \sum_{j=1}^{n} y_{ij} = y_{11} + y_{12} + \cdots + y_{kn} \tag{2.3}$$

です．全データの平均値は，

$$\bar{y} = \frac{Y}{kn} \tag{2.4}$$

表 2.2　二元配置実験のデータ

i ＼ j	B_1	B_2	$\cdots$	B_n	
A_1	y_{11}	y_{12}	$\cdots$	y_{1n}	Y_{A1}
A_2	y_{21}	y_{22}	$\cdots$	y_{2n}	Y_{A2}
$\vdots$	$\vdots$	$\vdots$		$\vdots$	$\vdots$
A_k	y_{k1}	y_{k2}	$\cdots$	y_{kn}	Y_{Ak}
	Y_{B1}	Y_{B2}	$\cdots$	Y_{Bn}	Y

です. 制御因子 A の各水準の水準合計値は,

$$Y_{Ai} = \sum_{j=1}^{n} y_{ij} = y_{i1} + y_{i2} + \cdots + y_{in} \tag{2.5}$$

です. 水準平均値は,

$$\bar{y}_{Ai} = \frac{Y_{Ai}}{n} \tag{2.6}$$

です. 同様に制御因子 B の水準合計値と水準平均値は,

$$Y_{Bj} = \sum_{i=1}^{k} y_{ij} = y_{1j} + y_{2j} + \cdots + y_{kj} \tag{2.7}$$

$$\bar{y}_{Bj} = \frac{Y_{Bj}}{k} \tag{2.8}$$

です. ここで, 制御因子 A と B の水準数が 2 の場合(表 2.1), 4 つの実験から得られる水準平均値は以下となります.

$$\bar{y}_{A1} = \frac{(y_{11} + y_{12})}{2} \tag{2.9}$$

$$\bar{y}_{A2} = \frac{(y_{21} + y_{22})}{2} \tag{2.10}$$

$$\bar{y}_{B1} = \frac{(y_{11} + y_{21})}{2} \tag{2.11}$$

$$\bar{y}_{B2} = \frac{(y_{12} + y_{22})}{2} \tag{2.12}$$

これらをまとめた**表 2.3** を補助表と呼びます.

また, **表 2.3** の値をプロットした**図 2.2** のグラフを「要因効果図」と呼び,

表 2.3 2 水準の二元配置実験の補助表

制御因子	水準 1	水準 2
A	$\bar{y}_{A1}$	$\bar{y}_{A2}$
B	$\bar{y}_{B1}$	$\bar{y}_{B2}$

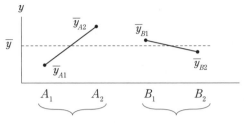

制御因子Aの主効果　　制御因子Bの主効果

図2.2　2水準二元配置実験の要因効果図

各制御因子の効果を「主効果」と呼びます．つまり，全組合せ実験を実施した
ときの水準平均値間の差（あるいは水準平均値と全データの平均値の差）を主効
果と呼びます．

(2)　多元配置実験における計測特性の構造

次に表2.2の中の各計測特性 y_{ij} がどのような構造をもっているかについて
考えます．最初に簡単なケースとして，表2.1の2水準の場合を考えてみると，
図2.2の要因効果図から個々の計測特性 y_{ij} $(i, j = 1, 2)$ の値は，4つの全デー
タの平均値 $\bar{y}$，制御因子 A の主効果，制御因子 B の主効果の合計からなるこ
とがイメージできます．それを式で表現すると，

推定値：

$$\hat{y}_{ij} = \bar{y} + (\bar{y}_{Ai} - \bar{y}) + (\bar{y}_{Bj} - \bar{y}) \tag{2.13}$$

となります．ここで $\hat{}$（ハット）は推定値という意味です．つまり，全データの
平均値＋制御因子 A の主効果＋制御因子 B の主効果は，任意の水準組合せ条
件の推定値になります．式(2.13)は推定値なので，通常は表2.1の実測値と等
しくはなりません．ここで，実測値 y_{ij} と推定値 $\hat{y}_{ij}$ の差，

$$y_{ij} - \hat{y}_{ij} \tag{2.14}$$

が何かということが問題になるわけですが，これが交互作用なのです．正確に
いえば式(2.14)には交互作用以外に個体差や計測ばらつきのようなランダムに
ばらつく実験誤差も入りますが，技術開発や製品設計段階での実験では交互作
用の影響が支配的なので，式(2.14)を交互作用であるとします．シミュレー
ションや計算実験では実験誤差は存在しませんので，式(2.14)の値はすべて交
互作用となります．以上より，**表2.1**の計測特性の実測値 y_{ij} の構造は，

実測値：

$$y_{ij} = \bar{y} + (\bar{y}_{Ai} - \bar{y}) + (\bar{y}_{Bj} - \bar{y}) + (y_{ij} - \hat{y}_{ij}) \tag{2.15}$$

となり，式(2.15)右辺の第4項の実測値と推定値の差が交互作用になります．
ここで $i = 1, \cdots, k$, $j = 1, \cdots, n$ とすれば式(2.15)は**表2.2**にも対応した式と
なります．さらに，制御因子が3つ以上に増えた「多元配置実験」の場合でも，

$$y_{ijl\cdots} = \bar{y} + (\bar{y}_{Ai} - \bar{y}) + (\bar{y}_{Bj} - \bar{y}) + (\bar{y}_{Cl} - \bar{y}) + \cdots + (y_{ijl\cdots} - \hat{y}_{ijl\cdots})$$
$$\tag{2.16}$$

として，右辺の主効果の項を追加することで計測特性の値の構造を表現できま
す．いずれにしても右辺の最後の項が交互作用になります．1因子実験，**2.4**
節で説明する直交表実験など，実験の方法はさまざまありますが，実験の方法
に関係なく，計測特性と因果関係のある因子が2つ以上ある場合の計測特性の
値は式(2.16)の構造をもちます．ここで，式(2.16)の各項の値を実際に計算で
きるかどうかは実験計画に依存します．

(3) 交互作用と技術開発の効率化

　以上のように定義した交互作用の存在が，技術開発，あるいは製品設計の活
動を非効率化させる最大の要因です．そのことをもう少し詳しく説明します．
　図2.3に表2.1の二元配置実験の計測特性の値，すなわち生データをプロッ
トしたイメージ図を示します．**図2.3**の(a)が交互作用のないケースであり，
(b)は交互作用があるケースです．主効果とは全組合せ実験を行ったときの水

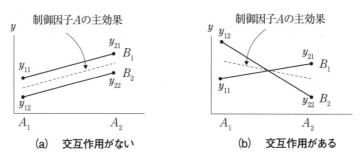

(a)　交互作用がない　　　　　　(b)　交互作用がある

図2.3　交互作用がある場合とない場合の生データの傾向と主効果の傾向

準平均値の傾向ですから，制御因子 A の第1水準と第2水準の平均値をプロットすると，主効果は点線のようになります．**図2.3(a)**の交互作用がないケースでは，制御因子 A の生データの傾向が制御因子 B の水準によらず一定です．そして，主効果の傾向と生データの傾向も同じです．

　一方，交互作用がある場合は，**図2.3(b)**のように制御因子 A の生データの傾向が制御因子 B の水準によって異なります．そして，主効果の傾向は生データの傾向からずれていきます．この生データで見たときの制御因子 B の水準の違いによる制御因子 A の傾向の違い，あるいは生データの傾向と主効果の傾向のずれ量が交互作用の大きさ，すなわち，式(2.15)の右辺第4項の大きさに相当します．ここで問題は，交互作用が大きくなると，**図2.3(b)**の A_1 B_2 条件のように複数の制御因子の特定の水準組合せが最適条件(最も値が大きい)になることです．こうなると，最適条件を正確に求めるためにすべての組合せの実験を行わなければなりません．これが技術開発を長期化させる要因であり，**図2.1**のような1因子実験においては技術開発を混乱させる要因にもなるのです．

2.3 交互作用を低減する方法

(1) 交互作用に対する実験計画法と品質工学の対応の違い

実験を効率化する手法である「実験計画法」と品質工学はともに 2.4 節で説明する「直交表」という実験計画作成ツールを活用するので両者のやり方は似ていますが，実験に対する考え方に大きな相違があります．それが交互作用に対する対応方法の違いです．

実験計画法では実験を計画する段階で交互作用の存在の有無を判断し，それを考慮した実験計画を組むこととしています．一方，品質工学では交互作用の存在を事前に正確に把握することは困難であることを前提にします．そして，交互作用の影響を発生させにくい計測特性や計測特性のロバスト性を評価する方法を定義あるいは考案することを重要な戦略と位置づけています．筆者の経験でも，技術蓄積が不十分な技術開発段階で交互作用を正確に予測することは困難な場合が多いと思います．よって，品質工学の基本戦略である交互作用を生み出しにくい計測特性や計測特性のロバスト性を評価する方法を考案あるいは選択することが技術開発の効率化に対して最も効果的な方法ということになります．

本書では，計測特性，ノイズ因子による計測特性の変化量，複数の計測特性の平均値などを総称して「目的特性」と呼ぶことにします．

(2) 目的特性の選択による交互作用への影響の違い

粒体を成長させる工程において 2 つの制御因子 A(加工温度)と B(加工時間)を使って良品率を改善するために表 2.4 に示す二元配置実験を行ったとします．

図 2.4 にこの実験における目的特性の加法性について説明するモデルケースを示します．粒径の合格範囲は 4.0 μm〜6.0 μm です．この粒体材料は加工投入エネルギー，すなわち加工温度×加工時間の増加とともに平均粒径が大きくなる性質をもっているとします．このとき，最終的に欲しいものである「良品率」を目的特性にする場合と「粒径の平均値」を目的特性にする場合では交互

表2.4 粒体製造工程の良品率を改善するための実験計画

制御因子	水準1	水準2
A：加工温度(℃)	200	300
B：加工時間(分)	30	60

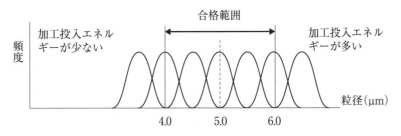

図2.4 モデルケース「粒体成長工程の改善」

作用の大きさがまったく異なることを示します.

　まず，良品率の場合を考えます．加工投入エネルギーが少ない場合は粒体全体が図2.4の左側にあり，分布の右裾に存在するごくわずかだけが良品となります．さらに，加工投入エネルギーを増やすと分布の平均値が右側にシフトし，合格領域に入る割合が増加しますが，加工投入エネルギーをある一定の値以上に設定すると今度は分布の右側裾が不合格となり，良品率は低下します.

　次に目的特性を平均粒径とした場合を考えます．加工投入エネルギーが最も少ない条件では図2.4の平均粒径が4.0μmよりもかなり小さい状態です．そこから加工温度を高くする，あるいは加工時間を長くすることにより平均粒径は一貫して大きくなります.

　平均粒径のように一貫性のある傾向をもつ特性を「加法性の良い」特性と呼びます．良品率は平均粒径が5.0μmのときがピークで，それ以上でも以下でも低下しますが，平均粒径の値は極端なピーク値をもたず右上がりか右下がりで変化する傾向をもちます．表2.5(a)に良品率の結果の例，表2.5(b)に平均

表 2.5　粒体製造工程の実験結果の例

(a)　良品率

No.	A	B	良品率
1	A_1	B_1	0.03
2	A_1	B_2	0.67
3	A_2	B_1	0.76
4	A_2	B_2	0.15

(b)　平均粒径

No.	A	B	平均粒径(μm)
1	A_1	B_1	1.9
2	A_1	B_2	4.5
3	A_2	B_1	5.5
4	A_2	B_2	6.7

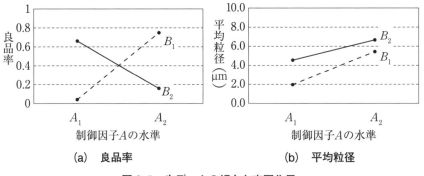

(a)　良品率　　　　　　　　(b)　平均粒径

図 2.5　生データの傾向と交互作用

粒径の結果の例を示します．それらをグラフにしたのが**図 2.5**(a)と(b)です．**図 2.5**からもわかるように，良品率の結果は強い交互作用の影響を受けている一方で，平均粒径の結果は交互作用の影響が少ないことがわかります．この例のように，同じ実験でも，評価に用いる目的特性の選択によって交互作用の影響の大きさがまったく異なるのです．

2.4　直交表実験と交互作用の交絡

(1)　直交表の実験計画

　前節までは 1 因子実験の問題点を指摘し，その解決策として二元配置実験を代表例として多元配置実験，つまり全組合せ実験を取り上げてきました．多元配置実験はすべての交互作用を含む情報を得ることができるという意味では理想的な実験ですが，制御因子やノイズ因子の数が増えると膨大な実験数となり現実的ではありません．よって，多元配置実験は少数の制御因子のみを取り上げて行うことになりますが，大きな改善を目指して多数の制御因子が必要となる技術開発段階での限定的な実験は，当然のことながら，改善効果も限定的になってしまいます．そこで登場するパワフルなツールが直交表です．表 2.6 に最も小さな直交表である直交表 L_4 を示します．表 2.6(a) の行列が直交表 L_4 の原型であり，表 2.6(b) が (a) の原型を実験計画表に置き換えたものです．通常は表 2.6(b) のように表記された実験計画表を直交表と呼びます．表 2.6(a) の横軸にある列番号 1，2，3 を制御因子 A，B，C に置き換えて，表 2.6(b) のように配置します．表 2.6(a) の縦軸の行番号 1，2，3，4 が表 2.6(b) では実験番号となり，表 2.6(a) の -1 を第 1 水準，$+1$ を第 2 水準として 4 種類の実験条件を決定します．表 2.6(b) では各行の実験条件ごとに得られた目的特性の値を実験 No. を添え字として，$y_i\,(i = 1, \cdots, 4)$ としています．なお，直交表の性質については 2.6 節で詳しく説明します．

表 2.6　直交表 L_4

(a)　原型

No.	1	2	3
1	-1	-1	-1
2	-1	$+1$	$+1$
3	$+1$	-1	$+1$
4	$+1$	$+1$	-1

(b)　実験計画表

No.	A	B	C	y
1	A_1	B_1	C_1	y_1
2	A_1	B_2	C_2	y_2
3	A_2	B_1	C_2	y_3
4	A_2	B_2	C_1	y_4

(2) 直交表実験における交互作用の影響

次に直交表実験における交互作用の影響を具体的に見ていきます. 表2.5の仮想実験の結果を表2.6(b)の直交表 L_4 を利用して解析します. その結果から直交表実験における交互作用の影響を確認します. 直交表実験における各水準平均値は以下のように2.2節で説明した二元配置実験の式(2.9)～(2.12)と同様に計算します.

$$\bar{y}_{A1} = \frac{y_1 + y_2}{2} \tag{2.17}$$

$$\bar{y}_{A2} = \frac{y_3 + y_4}{2} \tag{2.18}$$

$$\bar{y}_{B1} = \frac{y_1 + y_3}{2} \tag{2.19}$$

$$\bar{y}_{B2} = \frac{y_2 + y_4}{2} \tag{2.20}$$

$$\bar{y}_{C1} = \frac{y_1 + y_4}{2} \tag{2.21}$$

$$\bar{y}_{C2} = \frac{y_2 + y_3}{2} \tag{2.22}$$

表2.6(b)の $y_1, \cdots, y_4$ に表2.5(a)と(b)の値を入れて, 式(2.17)～(2.22)の計算をして得られた要因効果図を図2.6 に示します. ここで, 直交表 L_4 の第3列には制御因子を割り付けてない空列であることを示すために "e" と表記しています. 図2.6(a)の良品率では第1列と第2列の制御因子 A と B の効果がほとんどなく, 主効果が存在しない空列である第3列から大きな効果が検出されています.

一方, 図2.6(b)では制御因子 A と B の効果が支配的であり, 第3例からは小さな効果しか検出されていません. この差が直交表実験における交互作用の影響の差であり, 直交表 L_4 では第1列に割り付けた制御因子 A と第2列に割り付けた制御因子 B の交互作用($A \times B$ と表記する)が第3列から検出される

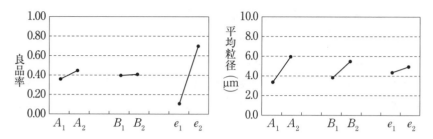

（a）　良品率を目的特性とした場合　　（b）　平均粒径を目的特性とした場合

図2.6　表2.5の結果を直交表 L_4 の実験として解析して得られた要因効果図

という性質をもっています．同様に第2列と第3列に割り付けた制御因子の交互作用が第1列から検出され，第1列と第3列の交互作用は第2列から検出されます．

　ところで，**図2.6**の場合は第3列が空列なので，第1列と第2列から主効果が検出され，第3列から交互作用が検出されますが，すべての列に制御因子を割り付けると，すべての列に交互作用が影響するので主効果と交互作用を分離することができなくなります．このように交互作用が他の列に影響し，主効果と分離できなくなることを「交絡」と呼びます．このような交互作用による交絡が直交表実験における最大の問題です．

ノート2.1　自由度の活用方法

　直交表 L_4 においてすべての列に因子を割り付けると主効果と交互作用を分離できないことを自由度という概念を使って考えてみます．自由度を f と表記します．自由度は実験から得られる情報量を定量化する尺度であり，変動を算出するために必要な情報数になります（変動については**付録3.1，3.2**を参照）．**表2.6**の直交表 L_4 の実験では全データの数が4つですから全自由度 f_T は4です．この $f_T = 4$ が直交表 L_4 の各列に配分されると考えます．ここで，各列に配分できる自由度は全自由度から平均値の自由度 $f_m = 1$ を引いた $f_T - f_m = 3$ となります．また，平均値がわ

かっていることを前提にすると2水準のどちらかの値が既知であればもう一方の水準値がわかるので，2水準系直交表実験の各列の自由度は1であり，直交表 L_4 の各列がもっている自由度も1となります（$f_1 = f_2 = f_3 = 1$）．よって，第1列と第2列に制御因子 A と B を割り付け，第3列を空列として交互作用 $A \times B$ を検出する実験の場合，自由度は $f_A + f_B + f_{A \times B} = 1 + 1 + 1 = 3$ のように配分されます（2水準の2因子間の交互作用の自由度は1）．

一方，すべての列に制御因子 A, B, C を割り付けると自由度は $f_A + f_B + f_C = 1 + 1 + 1 = 3$ となり，交互作用を検出するための自由度が残されません．よって，すべての列に制御因子を割り付けると交互作用の寄与を検出することができないことが示されます．交互作用を検出するためには $f_A + f_B + f_C + f_{A \times B} + f_{A \times C} + f_{B \times C} = 1 + 1 + 1 + 1 + 1 + 1 = 6$ の自由度が必要であり，平均値の自由度 $f_m = 1$ を追加して合計の自由度が7以上の直交表実験が必要になります．具体的には2水準3因子の全組合せ実験（$2^3 = 8$），あるいは後述する直交表 L_8 実験を実施すればよいことになります．ここで，8回の実験ですから全自由度は $f_T = 8$ なので，残りの自由度1は何かということが気になりますが，それは3因子間の自由度 $f_{A \times B \times C}$ です．3因子間の交互作用とは，例えば図 2.5 の (a) と (b) のように制御因子 A と B の傾向の違い，すなわち交互作用の大きさの違いが制御因子 C の水準に依存して変化する大きさです．

まとめると，2水準3因子の全組合せ実験の自由度の配分は，$f_T = f_m + f_A + f_B + f_C + f_{A \times B} + f_{A \times C} + f_{B \times C} + f_{A \times B \times C} = 8$ となります．表 2.6(b) の直交表 L_4 の実験はこの2水準3因子の全組合せ実験の一部を実施した実験と位置づけることができます．

2.5　混合型直交表を活用する狙い

(1)　べき乗型直交表と混合型直交表

直交表には大きく性質の異なる「べき乗型」と「混合型」の2種類が存在します．べき乗型の直交表は行数を示す添え字の数値を素因数分解したときの素数が1種類となり，混合型では素数が複数となります．

①　交互作用が特定の列に集中する

　　　　$L_4, L_8, L_9, L_{16}, L_{27}, L_{32}, \cdots$べき乗型直交表

②　交互作用がすべての列にばらまかれる

　　　　$L_{12}, L_{18}, L_{36}, L_{54}, \cdots$混合型直交表

この2種類の直交表の中で品質工学では混合型直交表を使うことを推奨しています．本節ではその理由と注意点について説明します．

(2)　交互作用の影響1：目的特性に加法性がある場合

まず，この2種類の直交表の性質の違いを前節まで取り上げた例を使って具体的に見ていきます．図2.7にべき乗直交表の代表として直交表L_8，混合型直交表の代表として直交表L_{12}を取り上げ，第1列と第2列に制御因子A(加工温度)，B(加工時間)を割り付けたときの平均粒径の要因効果図を示します*．両直交表とも第3列以降は空列です(eと表記)．

2.3節で示したように目的特性を平均粒径としたときの要因効果図の傾向はどちらの直交表とも同様に制御因子AとBの主効果が支配的であり，空列への交互作用の影響は十分に小さくなっています．両者の違いは交互作用の影響であり，直交表L_8では第3列に制御因子AとBの交互作用$A \times B$が集中する一方で，直交表L_{12}では交互作用の影響が第3列以降に均等にばらまかれています．

このように交互作用の影響に違いがありますが，目的特性に加法性があれば

＊直交表L_8と直交表L_{12}への割り付け結果を**付録1**に示します．

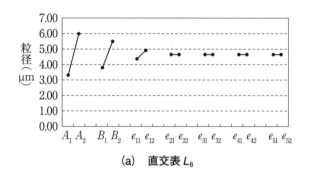

(a) 直交表 L_8

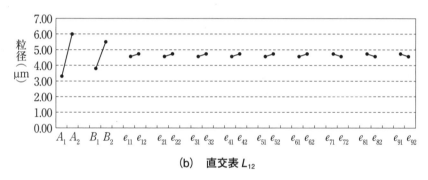

(b) 直交表 L_{12}

図 2.7 目的特性を粒径とした場合の要因効果図

どちらの直交表を使っても同様の結果を得ることができます.

(3) 交互作用の影響2：目的特性に加法性がない場合

問題は目的特性の加法性が十分ではない場合です.

図2.8に目的特性を良品率とした場合の結果を示します. 両者を比較すると, どちらも制御因子 A と B の主効果がごくわずかであることは共通ですが, 第3列以降の交互作用の現れ方が大きく異なります. 直交表 L_8 では交互作用が第3列に集中していますが, 直交表 L_{12} では第3列以降に均等にばらまかれています. この違いが実験計画法と品質工学の考え方の大きな違いにつながります. 実験計画法では, 交互作用がある場合, それが検出される列を空列にする

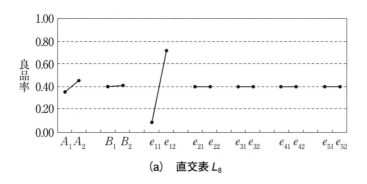

(a)　直交表 L_8

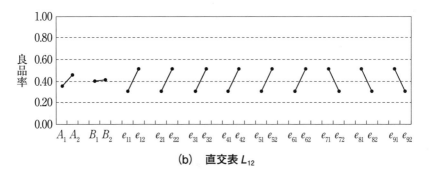

(b)　直交表 L_{12}

図2.8　目的特性を良品率とした場合の要因効果図

ことで交互作用の影響度を把握するという考え方を基本としています．**図2.8
(a)**のような結果を予測して，あらかじめ第3列を空列にしておくという意味
です．

　一方，品質工学では交互作用の存在を事前に把握することはできないことを
前提に，加法性の良い目的特性であるかどうかを直交表実験の結果から評価す
るというアプローチをとります．具体的には式(2.16)の右辺の最後の項
$\left(y_{ijl\cdots} - \hat{y}_{ijl\cdots}\right)$ の大きさから交互作用の影響度を定量化します．これが，**第3章**
で取り上げるパラメータ設計における「確認実験」の意味です．なお，確認実
験によって交互作用の影響度を定量化することだけが目的であれば，べき乗型
直交表でもそれを実施することは可能です．

(4) 混合型直交表の2つのメリット

品質工学で混合型直交表を推奨する一つの理由は効率性の追求です．技術開発段階では大きな改善効果を目指してたくさんの制御因子を取り上げる必要があります．そのような状況で，交互作用を検出するために空列を設定することは，できるだけ少ない実験回数で大きな改善効果を目指すという意味では無駄が多いということになります．直交表のすべての列に制御因子を割り付ける混合型直交表は実験の効率性が高いというメリットがあります．

そして，すべての列に制御因子を割り付ける場合，交互作用が特定の列に集中するべき乗型直交表よりも，すべての列に交互作用がばらまかれるほうが主効果を検出できる可能性が高まるのです．実物実験だけでなくシミュレーションや計算実験を含めて，目的特性と因果関係のある制御因子が2つ以上存在する中で，各制御因子の水準を変更する実験を行った場合，必ず交互作用が発生することは述べました．混合型直交表のすべての列に制御因子を割り付けると，すべての制御因子間の交互作用がすべての列にランダムにばらまかれる状況になります．このとき個々の交互作用の寄与の方向(例えば**図2.8**(b)の第3列以降の効果の傾向)はランダムなので互いに打ち消し合う効果が期待できます．たくさんの交互作用が各列にランダムに寄与した結果として交互作用が相殺され，各列に割り付けた制御因子の主効果が検出されることが期待できます．これが混合型直交表の第二のメリットです．

ノート2.2　最も効率的な交互作用の評価方法が確認実験

直交表実験を完了した後に直交表の各行にある水準組合せとは異なる組合せを2つ選び，その2条件で新たに追加実験を実施し，得られた目的特性の実測値と推定値との差から目的特性の加法性を交互作用の大きさとして評価するのが「確認実験」です．ここで，前掲の**表2.6**(b)において，例えば$A_2B_2C_2$の推定値は，$\hat{y}_{222} = \bar{y} + (\bar{y}_{A2} - \bar{y}) + (\bar{y}_{B2} - \bar{y}) + (\bar{y}_{C2} - \bar{y})$のように算出します．通常は要因効果図から読み取った最適条件と現行条件を選択します．例えば，目的特性の最適条件と現行条件の実測値がy_{best},

y_{conv}，その推定値が $\hat{y}_{\mathrm{best}}$，$\hat{y}_{\mathrm{conv}}$ のとき，$y_{\mathrm{best}} - y_{\mathrm{conv}}$ の値と $\hat{y}_{\mathrm{best}} - \hat{y}_{\mathrm{conv}}$ の値の一致度から交互作用の寄与を定量化します．品質工学ではこの一致度を「再現性」と呼びます．これは式(2.16)の右辺の最後の項の大きさを評価することと同じ意味をもちます．このずれ量が小さければ加法性の良い目的特性であると判断します．つまり，たった2回の実験で交互作用の寄与を総合的に定量化するのが確認実験なのです．

　総合的な交互作用の寄与を正しく定量化するためには全組合せ実験をする以外の方法はないのですが，それをたった2回の実験で実施してしまうのですから確認実験は相当に効率的な交互作用の評価方法といえます．**図2.8(a)**の第3列のように，べき乗型直交表で空列を設ければ交互作用の寄与を定量化できますが，それは特定の制御因子の組合せによって生じた交互作用であり，総合的な交互作用の評価にはなりません．

　ここで，3水準系の直交表として最も広く活用されている直交表 L_{18} について，交互作用の寄与を評価すること，および交互作用の相殺効果の2つの意味での注意事項を述べておきます．直交表 L_{18} は**図2.7(b)**，**図2.8(b)**に示した直交表 L_{12} のように交互作用が各列に均一にはばらまかれず，特定の列への寄与が大きくなるという特徴があります．よって，直交表 L_{12} のように均一にばらまかれる直交表に比べて交互作用の相殺効果が弱まります．その分，要因効果図の傾向の主効果からずれが大きくなり，確認実験における実測値と推定値のずれも大きくなる傾向があります．主効果の検出力が弱くなることはデメリットではありますが，直交表 L_{18} の確認実験での再現性が十分であった場合，定義した目的特性の加法性が相当に優れていると判断してよいことになります．目的特性の加法性を評価することが目的であれば直交表 L_{18} は優れた直交表であるともいえます(**付録1の表 A1.5 を参照**)．なお，直交表 L_{18} の第3列以降の6列のみに因子を割り付ければ直交表 L_{12} と同様に交互作用が均等にばらまかれることがわかっています．

2.6　改善加速ツールとしての直交表の威力

(1)　組合せ網羅率による改善加速効果

本章の最後に直交表がもっている優れた性質を説明します.

図 2.9 に直交表 L_4 を題材に直交表がもつ組合せ網羅率の高さを示します.「直交表」とはすべての 2 つの列が直交している表のことです. 例えば, **表 2.6**(a)の第 1 列と第 2 列であれば積和(ベクトルの内積)が次式のようにゼロになります.

$$(-1, -1, 1, 1) \cdot (-1, 1, -1, 1)$$
$$= (-1) \cdot (-1) + (-1) \cdot 1 + 1 \cdot (-1) + 1 \cdot 1 = 0 \qquad (2.23)$$

この直交性が直交表の組合せ網羅率の高さというメリットにつながっています. 例えば, **図 2.9** のように 3 つの列に割り付けた 3 つの制御因子 A, B, C のすべての組合せ AB, AC, BC からなる 2 列に注目すると, 2 つの制御因子の水準組合せがすべて入っていることがわかります.

さらに, 直交表は 2 因子間の組合せが 100% 網羅されているだけではなく, 3 因子以上の組合せ網羅率も高いという特長があります. この組合せ網羅率の高さが交互作用の影響の受けやすさに結び付いているのですが, このことが同時に改善加速ツールとして威力を発揮します. つまり, 複数の制御因子の水準

No.	A	B	C	y
1	A_1	B_1	C_1	y_1
2	A_1	B_2	C_2	y_2
3	A_2	B_1	C_2	y_3
4	A_2	B_2	C_1	y_4

	A_1	A_2		A_1	A_2		B_1	B_2
B_1	y_1	y_3	C_1	y_1	y_4	C_1	y_1	y_4
B_2	y_2	y_4	C_2	y_2	y_3	C_2	y_3	y_3

図 2.9　直交表 L_4 から作った二元表

の特定の組合せで良い条件が存在するとしたら，直交表実験を行うことによって，少ない実験回数で，目的特性を改善できる水準組合せ条件を見つけ出す可能性を高めることができるのです．このことは同時に交互作用の影響が強くなることを意味するので要因効果図の傾向が主効果の傾向からずれてしまうというデメリットを生み出しますが，直交表の特定の実験No.で目的特性が予想以上に改善するという効果が期待できます．逆に予想外に目的特性が悪化する行も高い確率で検出されます．したがって，直交表実験を行うことによって，少ない実験回数で目的特性の変化幅を広げるという効果も得られます．

　第4章で説明するCS-T法はこれらの直交表の性質を積極的に活用します．

(2) 1因子実験の限界

　以下では，直交表実験の威力を知っていただくために，インク開発の事例を用いて解説します．この開発は，通常は社外から購入する顔料分散体というインクの骨格となる材料を社内で開発し，それに約10種類にも及ぶ添加物を混ぜることで複数あるインクの要求特性を同時達成するという難易度の高いものでした．当初は**図2.1**に示した1因子実験で開発を進めていたのですが，ある一つの目的特性の目標を達成し，その次に別の目的特性の目標達成を目指すと最初に目標達成した目的特性が悪化するという状況が続き，開発がある種の混乱状態に陥っていたのです．

　混乱の原因は交互作用の存在です．インクの各目的特性は制御因子である添加物の種類の組合せや添加量の組合せによって良い値になることもあれば，逆に悪い値になることもあります．つまり，単独で一貫した主効果をもつ制御因子がほとんど存在せず，複数の制御因子の水準の組合せに解があるのです．よって，交互作用の存在を前提とした開発の進め方を計画する必要があるのです．目的特性の工夫による加法性の確保も期待できません．

　このような状況で，もし1因子実験を継続していたら，際限なく実験がいつまでも続き，最終的にはこの方式には解がないと判断し，開発中止の意思決定をしていたはずです．もちろん全組合せ実験の実施は事実上不可能です．

(3) 制御因子の割り付け方がポイント

　状況を打開するために1因子実験を中断し，直交表実験を行うことで，図 2.10 に示すプリンター用のインクの製品化を実現できました．21 個あるすべての制御因子を直交表 L_{54} に割り付けて，複数の目的特性を同時に目標達成できる実験 No.を見つけ出そうというアプローチです．ここでもし，制御因子を 7 個だけ取り上げて3回の直交表 L_{18} 実験をしていたらこの開発は失敗していたでしょう．なぜならば，各直交表内に割り付けられた制御因子間の水準組合せ効果を検出することはできますが，異なる直交表に割り付けられた制御因子間の水準組合せ効果を検出することはできないからです．すべての制御因子を同時に一つの直交表に割り付けることがポイントです．

(4) 直交表 L_{54} 実験による目標達成条件の発見

　直交表 L_{54} の実験結果を表 2.7 に示します．目的特性はインク物性とそのロバスト性に関連した6つです．ロバスト性は第3章で説明する「SN 比」という指標で定量化します．この6つの目的特性すべての目標を達成できれば技術開発から製品設計段階に移行できます．表 2.7 の右側の6つの列の白いセルが目標達成した目的特性であり，グレーのセルが目標未達成のセルです．全行を

図 2.10　リコープリンター IPSiO 用インクカートリッジ

表2.7　直交表 L_{54} によるインクの技術開発の結果

No.	A	B	C	D	E	F	G	H	I	J	K	L	M	N	O	P	Q	R	S	T	U	V	W	S/N-1	S/N-2	物性1	物性2	物性3	物性4
1	1	1	1	1	1	1	1	1	1	1	1	1	1	1	1	1	1	1	1	1	1	1	1	23.6	35.0	-14.0	18.8	8.3	39.7
2	1	1	1	1	1	1	1	1	1	2	2	2	2	2	2	2	2	2	2	2	2	2	2	19.9	36.9	-12.0	18.8	8.3	32.5
3	1	1	1	1	1	1	1	1	1	3	3	3	3	3	3	3	3	3	3	3	3	3	3	3.6	6.1	-6.0	45.3	0.3	18.9
4	1	1	1	2	2	2	2	2	2	1	1	1	1	1	1	2	2	2	3	3	3	3	3	26.8	37.8	-12.8	18.8	8.3	36.6
5	1	1	1	2	2	2	2	2	2	2	2	2	3	3	3	1	3	1	3	1	3	1	3	14.8	13.0	-12.0	20.3	8.3	35.5
6	1	1	1	2	2	2	2	2	2	3	3	3	3	1	2	1	2	1	2	1	2	1	1	12.3	16.5	0.0	22.3	8.3	24.2
7	1	1	1	3	3	3	3	3	3	1	1	1	1	3	2	3	2	3	2	3	2	3	2	1.7	19.1	-12.3	30.1	0.0	17.5
8	1	1	1	3	3	3	3	3	3	2	2	2	2	1	3	1	3	1	3	1	3	1	1	2.4	4.7	-8.7	33.4	0.0	19.2
9	1	1	1	3	3	3	3	3	3	3	3	3	2	1	2	1	2	1	2	1	2	1	2	7.6	0.0	-4.8	18.8	8.3	22.7
10	1	2	1	1	2	2	3	1	1	1	2	3	1	1	1	1	2	3	2	3	3	3	3	21.1	46.7	0.0	39.4	0.3	34.6
11	1	2	1	1	2	2	3	2	2	3	1	1	2	2	2	3	1	3	1	1	1	2.3	37.7	-12.0	18.8	8.3	41.2
12	1	2	1	1	2	2	3	3	3	1	2	3	3	3	1	2	3	1	2	1	2	1	2	19.8	39.1	-8.7	33.1	8.3	31.0
13	1	2	2	2	3	3	1	1	1	1	2	3	2	3	1	3	2	3	2	3	2	1	25.7	48.0	-3.0	44.6	1.3	38.8
14	1	2	2	2	3	3	1	2	2	3	1	1	3	1	3	1	3	1	3	1	3	2	26.2	36.8	-11.4	18.8	8.3	36.4
15	1	2	2	2	3	3	1	3	3	1	3	3	1	2	1	2	1	2	1	2	1	2	23.3	29.0	-12.0	29.7	8.3	36.0
16	1	2	3	3	1	1	2	1	1	2	2	3	3	2	3	2	1	1	1	2	26.5	-5.4	0.0	27.1	0.7	36.8
17	1	2	3	3	1	1	2	2	2	2	3	3	1	1	3	2	2	2	2	3	15.5	6.8	-3.0	29.9	0.0	31.0
18	1	2	3	3	1	1	2	3	3	1	2	2	1	2	3	3	1	4.1	0.2	-11.5	33.5	0.0	19.3
19	1	3	1	2	1	3	2	3	1	2	1	3	2	3	1	1	3	2	53.7	39.4	-9.5	22.3	8.3	50.3
20	1	3	1	2	1	3	2	3	2	3	2	1	2	2	2	1	1	3	19.4	30.0	-12.0	45.2	0.1	27.2
21	1	3	1	2	1	3	2	3	1	3	2	1	3	1	2	3	3	2	1	10.0	14.0	0.0	43.8	0.3	23.9
22	1	3	2	3	2	1	1	2	1	3	2	3	3	2	2	3	1	1	3	0.0	-16.8	-10.0	38.0	0.3	20.5
23	1	3	2	3	2	1	1	2	3	1	3	1	3	1	3	3	1	2	2	1	-2.3	-10.1	-12.6	40.7	0.1	17.3
24	1	3	2	3	2	1	1	3	3	1	2	1	2	1	1	2	2	1	3	3	2	0.5	-3.1	0.0	40.1	0.1	18.6
25	1	3	3	1	3	2	1	2	1	2	3	3	2	1	2	2	3	1	6.5	13.7	-7.5	43.5	0.3	21.0
26	1	3	3	1	3	2	1	2	3	2	1	3	2	1	3	3	1	14.4	21.6	-9.5	44.2	0.3	26.6
27	1	3	3	1	3	2	1	3	1	2	1	3	3	2	1	1	2	3	4.6	9.0	0.0	40.6	0.3	18.2
28	2	1	1	3	3	2	2	1	3	3	3	2	2	3	2	3	1	3	-2.0	-6.0	-14.0	38.0	0.2	19.0
29	2	1	1	3	3	2	2	1	3	2	2	1	2	1	1	3	3	-1.0	-2.6	0.0	40.7	0.3	16.8
30	2	1	1	3	3	2	2	1	3	2	1	3	3	2	1	2	1	1	2	1	4.1	-2.1	-3.0	39.0	0.0	17.7
31	2	1	2	1	1	3	3	2	1	3	3	2	2	3	1	1	1	2	3	4.7	6.4	-14.0	35.5	0.4	18.4
32	2	1	2	1	1	3	3	2	1	3	2	3	1	2	2	2	2	3	1	3.1	2.6	-14.0	40.2	0.6	17.8
33	2	1	2	1	1	3	3	2	1	3	2	2	3	2	1	0.2	0.0	-3.0	38.1	0.2	17.1
34	2	1	3	2	2	1	1	3	1	3	2	3	2	3	2	3	1	1	12.7	21.3	-12.9	34.8	0.3	24.3
35	2	1	3	2	2	1	1	3	2	1	3	2	1	3	1	1	3	2	2	14.9	19.1	-3.0	18.8	8.3	25.4
36	2	1	3	2	2	1	1	3	2	2	1	3	2	1	3	3	2	1	3.6	2.5	0.0	32.0	12.2	16.6
37	2	2	1	2	3	1	3	2	3	1	2	3	2	1	1	3	37.0	37.9	-6.7	28.3	8.3	33.5
38	2	2	1	2	3	1	3	2	3	1	2	1	3	2	3	1	1	3	2	2	1	**20.9**	**42.3**	**0.0**	**34.3**	**12.8**	**40.2**
39	2	2	1	2	3	1	3	2	3	3	1	2	1	3	3	1	2	1	3	3	2	29.5	34.5	-12.0	21.4	8.3	37.9
40	2	2	2	3	1	2	1	3	1	2	3	1	3	2	1	3	2	3	1	7.9	-1.6	0.0	32.1	1.9	21.5
41	2	2	2	3	1	2	1	3	2	1	3	1	3	1	3	2	2	3	1	2	6.4	-2.3	0.0	30.7	1.8	20.1
42	2	2	2	3	1	2	1	3	3	1	3	2	1	2	1	3	3	1	2	-1.0	5.4	0.0	28.3	0.3	17.7
43	2	2	3	1	2	3	2	3	2	3	1	1	2	1	1	3	3	2	2	8.6	12.4	-11.4	45.3	0.0	21.5
44	2	2	3	1	2	3	2	1	2	3	1	3	2	2	3	1	1	3	3	3.9	7.1	-3.0	24.8	8.3	18.6
45	2	2	3	1	2	3	2	1	3	2	1	3	1	1	3	2	1	1	4.8	5.8	-14.0	41.1	0.5	18.4
46	2	3	1	3	2	3	1	2	1	3	2	1	3	2	3	3	2	1	1.1	0.7	0.0	43.9	0.2	16.4
47	2	3	1	3	2	3	1	2	1	3	2	3	2	1	3	3	1	1	3	2	12.4	17.0	-3.0	44.4	0.2	25.8
48	2	3	1	3	2	3	1	2	3	1	2	3	3	2	1	1	2	1	3	-0.6	-1.9	0.0	39.5	0.3	17.0
49	2	3	2	1	3	1	2	3	1	3	2	1	1	3	1	3	2	1	21.5	29.7	-3.0	43.5	0.3	31.8
50	2	3	2	1	3	1	2	3	3	1	1	2	3	1	2	3	2	2	16.8	28.5	-9.0	43.0	0.2	28.4
51	2	3	2	1	3	1	2	1	2	3	1	2	3	3	1	3	3	30.8	56.8	-7.5	21.4	8.3	35.6
52	2	3	3	2	1	2	1	3	1	3	2	2	3	1	1	3	1	3.1	3.2	0.0	33.4	8.3	17.3
53	2	3	3	2	1	2	1	3	2	1	2	3	1	3	2	1	2	2	2.3	3.4	-10.5	42.3	0.1	17.0
54	2	3	3	2	1	2	1	3	2	3	2	1	1	2	3	3	1	2	2	1.0	0.0	-14.0	42.0	0.2	16.5

眺めると白いセルが複数ある行もあれば，6つともグレーの行もあります．このように良い結果の行から悪い結果の行まで目的特性の値が幅広く散らばることが直交表実験の特長です．

この実験では54回の中で5つ以上の目的特性が目標を達成した行が9回あ

りました. これら9つの水準組合せ条件がインク処方の候補となります. 当初は最も目標達成の可能性が高いであろう実験No.をいくつか選択し, それらの水準組合せを初期条件としてさらなる改善実験を行う予定でしたが, 幸いにも実験 No. 38 の条件がすべての目的特性の目標をクリアしていたのです. No. 38 の処方から, さらなる改善を目指した実験を実施し, 納期内に技術開発を完了させることができました.

(5) 交互作用が強い場合のデメリットを解決する CS-T 法

このように交互作用が強いシステムにおいても直交表は改善加速ツールとして威力を発揮します. 交互作用が強い場合の直交表実験のデメリットは, 前節までに説明したように, 要因効果図の傾向の信頼度が低下することですが, その問題は第4章で説明する CS-T 法で解決できます. また, 一般的に大規模直交表実験は失敗したときの損失が大きいと思われることが多いのですが, このインク開発の事例において, もし全54の実験のうち 10～20 程度の実験を行っても改善された実験が存在しない場合は, 選択した顔料分散体と添加物には解がないと判断し, 異なる材料を選択するという意思決定ができます. 先の見えない1因子実験を続けるよりも相当に早い段階で, 解がないことを正確に判断することができます.

このように短期間に技術開発の方向を変える意思決定ができるのも直交表実験のメリットといえます.

第2章の参考文献

［1］ 小野元久編著(2013)：『基礎から学ぶ品質工学』, 日本規格協会.
［2］ 田口玄一(1976)：『実験計画法　上』, 丸善.
［3］ 田口玄一(1977)：『実験計画法　下』, 丸善.
［4］ 田口玄一(1988)：『品質工学講座1　開発設計段階の品質工学』, 日本規格協会.
［5］ 宮川雅巳, 吉田勝実(1992)：「L_{18}直交表における交互作用の出現パターンと割りつけの指針」, 『品質』, Vol. 22, No. 2, pp. 124-130.

［ 6 ］　田口玄一（1988）：『品質工学講座 4　品質工学のための実験計画法』，日本規格
協会.

［ 7 ］　細川哲夫，河野義次，豊田政弘（2012）：「直積配置を使った許容差設計のため
のばらつき評価方法」，『品質工学』，Vol. 20，No. 4，pp. 26-35.

［ 8 ］　細川哲夫（2017）：「開発活動での品質工学活用方法　創造的な技術者を目指し
て 第 5 回 交互作用と直交表の新たな役割」，『標準化と品質管理』，Vol. 70，No.
2，pp .47-53.

［ 9 ］　佐々木康夫，藤井一郎，松山彰彦，横濱佑樹，細川哲夫（2014）：「インク開発
における基本処方設計，処方最適化，および市場品質評価」，『第 22 回品質工学
研究発表大会 QES2014 論文集』，pp .62-65.

［10］　細川哲夫，佐々木康夫，多田幸司（2019）：「各種直交表の主効果検出力の比
較」，『第 27 回品質工学研究発表大会 RQES2019 論文集』，pp. 138-141.

第 **3** 章

ロバストパラメータ設計による
技術開発

　本章では，品質工学の3ステップ製品化プロセスの中でのパラメータ設計の
位置づけを確認したうえで，技術開発の段階で行うロバストパラメータ設計の
目的を明確化し，活用するための技術開発プロセスを示します．さらに，この
技術開発プロセスと技術開発活動の全体像との関係を示したうえで，目的機能
と基本機能を定義し，目的機能から基本機能への変換方法を示します．次に，
目的機能によるロバストパラメータ設計と基本機能によるロバストパラメータ
設計の違いを明らかにした後に，両者のメリットとデメリットを説明します．
最後に事例を用いて目的機能のロバストパラメータ設計を活用した技術開発プ
ロセスの課題を確認します．なお，パラメータ設計の概要は**付録2**を参照して
ください．

3.1　技術開発段階におけるパラメータ設計

(1)　3ステップ開発設計プロセス

　品質工学では，開発設計プロセスを「システム選択」，「パラメータ設計」，
「許容差設計」の3ステップで進めるとしています．この3つのステップを企
画との関係を含めて**図3.1**に示します．お客様の声(VOC)を抽出し，そこ
からお客様の期待を超える潜在ニーズを掘り起こすのが企画部門であり，VOC

図3.1　品質工学の3ステップ製品化プロセス

を計測可能な特性に変換したものが，性能やロバスト性の目標です（図3.1の企画から出た矢印）．ここで，性能とロバスト性の大幅な向上が必要な場合は，新たな技術開発が必要となり，それは多くの場合，システム選択（新たなシステムの選択・考案）のステップが必要になります．ここでシステムとは，第1章で述べたように，製品全体のシステムだけでなく，製品を構成するサブシステム，モジュール，デバイスなども含みます．新たなシステムを選択あるいは考案する活動が図3.1のStep 1の「システム選択」であり，これが第1章で説明した技術開発段階の活動に相当します．

　既存のシステムで，性能やロバスト性の目標を達成できる目処がついている場合は，前掲の図1.7にも示したように製品企画で詳細仕様を決定し，製品設計段階に入ることができます．その際に図3.1のStep 2の「パラメータ設計」を活用することによって，ロバスト性をさらに改善し，Step 3の「許容差設計」によってStep 2で生み出したロバスト性の余裕分をコストダウンに回すこと，それが図3.1のプロセスが目指していることです．よって，Step 2のパラメータ設計とStep 3の許容差設計の狙いはロバスト性とコストの作り込みにあるといえます．

(2)　技術開発段階で性能とロバスト性を予測判断する方法

　一方，当然のことながら，新規に技術開発するシステムは量産実績も市場投

入実績もないため，そのシステムを使って製品設計段階，さらには量産段階に移行したときに品質問題が起きないことを100%の確率で予測することはできません．したがって，技術開発段階から製品設計段階への移行，製品設計段階から製品試作，量産段階への移行の可否判断は予測判断となります．このように確認できないことに対して可否判断することが，意思決定の本質です．意思決定は本質的にリスクを伴うものですが，そのリスクをできるだけ減らすことが，技術開発活動の大きな目的といえます．

　本書の冒頭でも田口玄一博士のフレーズを引用しながら，性能およびロバスト性を評価することの重要性を述べました．製品設計段階に入ってからのシステム変更は，それまでの製品設計活動に投入した多くの経営リソースを無駄にしてしまいます．それを防ぐために技術開発段階で性能とロバスト性の予測判断が必要となります．システムの性能とロバスト性の両立性を評価するために行うパラメータ設計を本書では「ロバストパラメータ設計」と呼びます．

(3) ロバストパラメータ設計による技術開発の進め方

　性能とロバスト性を予測判断する「ロバストパラメータ設計」を活用した技術開発プロセスを図3.2に示します．このプロセスは図3.1の Step 1「システム選択」の活動内容です．図3.2のプロセスは，性能とロバスト性の目標達成度を評価する目標達成度評価パートと，目標未達成の場合に新たなシステムを考案するためのメカニズム分析パートの大きく2つのパートからなります．以下，この2つのパートについて説明します．

　目標達成度評価パート(図3.2の左側の点線で囲んだ部分)では，選択あるいは考案したシステムから制御因子を複数選択し，ロバストパラメータ設計によって最適化した後に性能とロバスト性の目標達成度を評価します．ここで重要なことは，性能とロバスト性をトータルかつ効率的に評価することです．それを可能にするのが機能性評価です(機能性評価の詳細は3.3節で説明)．機能性評価の実施により，ロバスト性を一つの指標(SN 比)で評価することが可能になります．機能性評価によって，性能を確保したうえでのロバスト性の達成

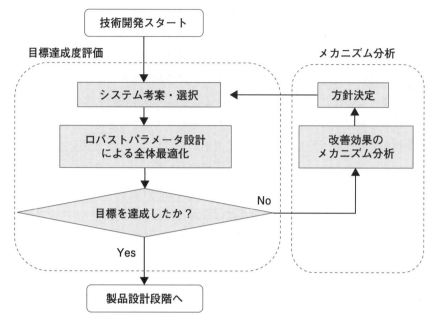

図3.2　ロバストパラメータ設計によるシステム選択段階の技術開発プロセス

度を評価し，製品設計段階への移行可否を判断します.

　次に図3.2のメカニズム分析パート(右側の点線で囲んだ部分)の活動について説明します．この活動の目的は開発対象となっているシステム固有の物性値，分析データ，センシングデータ，あるいはコンピュータシミュレーション(computer aided engineering：CAE)の中間データなど(以後，これらを「現象説明因子」と呼ぶ)を計測あるいは計算し，性能やロバスト性が改善されたメカニズムを把握することです．改善メカニズムを把握することで，技術開発の方向を定め，性能とロバスト性の目標を達成する確実性の高いシステムおよびその制御因子を考案します．

　以上がメカニズム分析パートの内容であり，2つのパートを合わせた**図3.2**の技術開発プロセスは性能とロバスト性を創り込むプロセスといえます．

3.2 製品設計段階におけるパラメータ設計

(1) 設計条件の違いによって生じるロバスト性の差

ここでは，製品設計段階でロバスト性を改善するために実施する**図3.1**の
Step 2の「パラメータ設計」について説明します．**図3.3**の電気回路を題材と
して取り上げます．実際の業務で，このような簡単な電気回路が課題になるこ
とはありませんが，ここでは説明のために簡単な題材を取り上げます．

図3.3の設計パラメータ（制御因子）は，2つの電源電圧（E_1, E_2）と3つの抵
抗値（R_1, R_2, R_3）です．設計課題となっている目的特性は抵抗 R_2 の両端電圧
V_{out} であり，その設計目標値は1.5（V）であるとします．

このケースでの性能目標の達成は簡単です．両端電圧 V_{out} の値を計算する
理論式（3.1）の中にある5つの制御因子の値を適当に与えれば，$y = V_{out} = $
1.5（V）となる解は無数に存在します．

$$V_{out} = R_2 I_2 = \frac{R_2\left[\left(1 - \frac{R_1 + R_3}{R_4}\right)E_1 + E_2\right]}{\left[\frac{R_2(R_1 + R_2)}{R_1} + R_3\right]} \tag{3.1}$$

ここで，AさんとBさんが別々に設計を実施し，5つの制御因子の水準を目

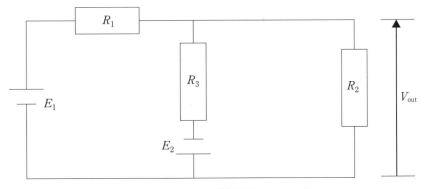

図3.3　電気回路

表 3.1　A さんと B さんの設計結果の比較(ロバスト性の違い)

	N_1：0℃	N_2：60℃
A さんの設計	1.3(V)	1.7(V)
B さんの設計	1.4(V)	1.6(V)

標値 1.5(V)になるように合わせ込んだとします．そして，2 つの電気回路の両端電圧 V_{out} を室温で実測したところ，どちらも目標の 1.5(V)を達成したとします．ところが，室温で性能目標を達成できた電気回路を 0℃ と 60℃ の環境に持ち込むと，両端電圧 V_{out} の値は表 3.1 のように 1.5(V)からずれてしまいました(N_1：0℃，N_2：60℃)．なぜならば，温度が変われば抵抗素子に使っている材料の物性値が変化し，抵抗値が変化するからです．電源電圧値も温度で変わる可能性があります．抵抗値と電源電圧値が変化すると，式(3.1)を見てわかるように，両端電圧 V_{out} の値も変化します．

　市場では温度変化のように目的特性を変動させるノイズ因子がたくさん存在するので，いつでもどこでも 1.5(V)を維持できるわけではないことがこのような簡単な例でもわかります．表 3.1 を見ると A さんの設計では ± 0.2(V)の変動があるのに対して，B さんの設計では ± 0.1(V)の変動に収まっています．B さんの設計のほうがロバスト性が高いので，市場でお客様がさまざまな環境で使用しても安心して使える可能性が高いでしょう．ここで重要なポイントは，式(3.1)のような非線形を伴う現象の場合，同じ比率で各回路素子が変動したとしても，5 つの回路素子の中心値の設定によって，目的特性である両端電圧 V_{out} の変化幅が異なるということです．

(2)　製品設計段階における 2 段階設計

　図 3.4 に非線形を利用したロバスト性の改善と合わせ込みについて説明します．制御因子 A は図 3.3 の抵抗 R_1 であり，図 3.4(a)のような非線形な傾向をもつとします．また，制御因子 B は図 3.3 の抵抗 R_2 であり，図 3.4(b)のよう

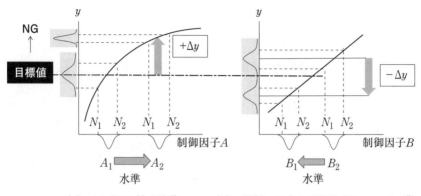

(a) ロバスト性の改善 (b) 目標への合わせ込み（チューニング）

図 3.4 非線形を利用した 2 段階設計のイメージ

な直線的な傾向をもつとします．制御因子 A は非線形な傾向をもつので，水準を第 1 水準から第 2 水準にすると，抵抗 R_1 の値が変化したときの目的特性 y の値の変化量は徐々に少なくなります．ただし，これによって目的特性 y の値が目標値から Δy だけずれます．このとき，制御因子 A の水準を第 2 水準に固定したまま制御因子 B の水準を例えば第 2 水準から第 1 水準に変えることで目標値に合わせ込むことができます．

図 3.4 ではたった 2 つの制御因子しか取り上げていませんが，多くの制御因子を同時に取り上げてシステマチックにこのようなロバスト化と合わせ込みを行うことがパラメータ設計の狙いであり，図 3.4 のようにロバスト性を改善した後に目標への合わせ込みを実施する最適化のアプローチを「2 段階設計」と呼びます．第 1 章で説明したように，技術開発段階での 2 段階設計の狙いは，計測特性（性能）とロバスト性の両立範囲を評価することですが，製品設計段階ではロバスト性を改善しながら計測特性の値を目標値に合わせ込むことが 2 段階設計の狙いとなります．

パラメータ設計によってロバスト性の目標を超えることができれば，その余裕分を公差の広い部品を利用することでコストダウンを図ることが可能になります．それを行うのが図 3.1 の Step 3 の「許容差設計」の狙いです（許容差設

計の手順については例えば参考文献[20][21]などを参照).

3.3 技術開発の全体像とロバストパラメータ設計

本節では技術開発の活動の全体像を示し，その中に一般的に実施されている技術開発とロバストパラメータ設計を位置づけます．さらに，目的機能と基本機能の違いを明らかにしたうえで，目的機能から基本機能への変換方法を説明します(3.3.2 項を参照).

3.3.1 一般的に行われている技術開発活動

(1) 技術開発活動の全体像とマネジメントパート

技術開発活動を 3 つの要素，「マネジメントパート」，「アナリシスパート」，「シンセシスパート」から構成し，各パートの関係によって技術開発活動の全体像を示したのが図3.5 です．以下にそれぞれのパートについて説明します．

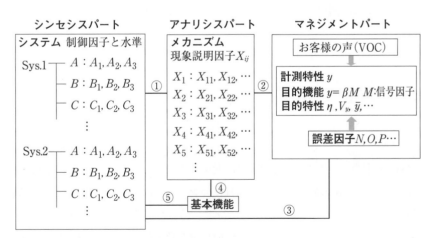

注) ①②：一般的な技術開発活動，③：目的機能のロバストパラメータ設計，④：基本機能の考案，⑤：基本機能のロバストパラメータ設計

図3.5 技術開発の全体像

最初にマネジメントパートについて説明します．お客様の声（VOC）を計測可能な特性値で代用したものが計測特性 y です．例えば，光ディスクでは媒体上に記録されたマークの寸法が計測特性 y です．お客様が欲しいものは情報であり，情報をマークの寸法 y の違いとして記録保管することが光ディスクへの要求機能です．そして，技術開発の目標は計測特性 y の目標値，およびさまざまなノイズ因子の影響による計測特性 y の変化量の許容差などによって与えられます．

計測特性 y は目標値に近ければ近いほど性能が良く，ノイズ因子が存在しても計測特性 y の変化量が小さければ小さいほどロバスト性が良いということになります．ここで，目的機能は計測特性 y の値を変える入力となる因子が存在する場合に，入力を M，出力となる計測特性を y として，$y = \beta M$ の関数関係で定義されます．このように入出力関係で定義される機能を「動特性」と呼びます．また，動特性において入力となる因子を「信号因子」と呼びます．例えば，水道の蛇口の場合，欲しい出力である計測特性 y は水量であり，水量を変える入力となる信号因子 M は蛇口ハンドルの回転角度となります．入力の水準が固定の場合は静特性の一種である「望目特性」と呼びます．なお，入出力の関係が非線形な場合でも，簡単な計算処理で原点を通る一次式 $y = \beta M$ に変換できます（詳細は付録 3.1 を参照）．

図 3.6 に動特性のイメージ，図 3.7 に望目特性のイメージを示します．動特性では各計測特性の値と，最小二乗法で求めた回帰直線 $\hat{y} = \beta M$ 上の値との偏差を「有害成分」と呼びます．また，回帰直線上の値を「有効成分」と呼びます．ここで，$\hat{y}$ は推定値を表しています．望目特性では各計測特性の値と平均値 $\bar{y}$ の偏差が「有害成分」となり，平均値が「有効成分」となります．SN 比の値 η は式 (3.2) によって算出されます．式 (3.2) による評価を「機能性評価」と呼びます．なお，SN 比の計算方法については付録 3.1〜3.3 を参照してください．

$$\eta = 10 \log \left(\frac{\text{有効成分}}{\text{有害成分}} \right) \tag{3.2}$$

図 3.6　動特性の機能性評価のイメージ

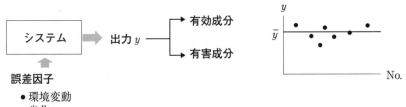

図 3.7　望目特性の機能性評価のイメージ

　出力の平均値が一定の場合，あるいは出力値の大きさを無視したほうが良い場合は式(3.2)の SN 比ではなく，有害成分の分散 V_y をロバスト性の評価指標にすることもできます．動特性あるいは望目特性の SN 比，計測特性の分散 V_y，計測特性の平均値 $\bar{y}$ はすべて欲しい計測特性 y に関連した目的特性です．

　これら目的特性の定義およびその目標値の設定は，企画からの要求(あるいは技術戦略)に従って決定されるものであり，技術者の判断だけで決めるものではありません．よって，これらの活動を「マネジメントパート」と名づけます．

(2) 技術者の活動領域

開発目標が設定された後の技術開発活動は技術者が自由に活動する領域であり，それは目的特性の値が変化するメカニズムを分析する「アナリシスパート」と目的特性の目標値を達成するための技術手段を考案・選択する「シンセシスパート」の2つのパートからなります．それらの技術開発活動の全体像を示したのが前掲の**図3.5**です．図中の①〜⑤は各パートの活動の関係を示しています．一般的に実施されている技術開発活動とその目的を**図3.5**の①と②の関係から以下に説明します．

多くの技術開発では既存のシステムの中から最適なシステムを選択し，選択したシステムの性能とロバスト性を目標レベルまで引き上げる過程で新たなシステムや制御因子を考案していきます．ここでは最初に選択したシステムを**図3.5**のシンセシスパートにある Sys. 1 とします．Sys. 1 から出発して制御因子やシステムを考案する際の一般的なアプローチが**図3.5**の①と②です．②は目的特性の改善に効果のあるメカニズムを明らかにする活動です．このメカニズムは目的特性と現象説明因子(物性値，分析データ，センシングデータ，CAEの中間特性など)の因果関係を把握することによって明らかになります．

多くの場合，技術開発の第一の目的は，このメカニズムを把握することです．ここで重要なことは，現象説明因子と目的特性の水準が因果関係によって変化するような制御因子を的確に選択し，その水準を変化させなければ②の活動を実施できないということです．つまり，②の因果関係の把握を可能とする前提は，シンセシスパートにある制御因子とアナリシスパートにある現象説明因子の因果関係を把握できていることです(①で示した)．ここで，現象説明因子 X_{ij} の添え字 i は現象説明因子の種類であり，j はその水準です．現象説明因子の水準は制御因子の水準設定に依存して結果的に決まります．

結局，**図3.5**の①と②で示される技術開発活動の狙いは，3つのパートの因果関係，

　　制御因子 ⇒ 現象説明因子 ⇒ 目的特性

を明確にすることであり，この活動が前掲の**図3.2**に示したメカニズム分析

パートに対応します.

　ここで,一般的に実施されている技術開発の効率上の問題は,正確に現象を把握することを優先するために,一つの制御因子のみを選択し,その水準を変える1因子実験をすることにあります.限定された制御因子の実験は目的特性の改善効果を十分に引き出せないばかりか,現象説明因子の変化範囲も狭くなり,目的特性と因果関係をもつ現象説明因子を効率的かつ精度良く検出することが難しくなるという問題があります.

3.3.2　目的機能から基本機能への変換

　パラメータ設計およびロバストパラメータ設計には目的機能を用いる方法と基本機能を用いる方法の大きく2つの方法があります.目的機能の出力となる計測特性はVOCを代用する計測特性ですが,基本機能の計測特性は目的機能の計測特性 y の代用特性であり,図3.5のアナリシスパートにある現象説明因子の中にその候補が存在します.基本機能の計測特性(図3.6の出力)となる現象説明因子は,目的機能を実現するメカニズムを記述する因子です.よって,目的機能の計測特性 y と因果関係がなければなりません.図3.8に目的機能から基本機能への変換プロセスを示します.図3.8では基本機能の研究が最も進んでいる分野である機械加工を題材とします.

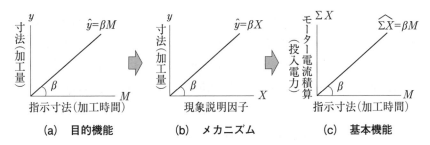

(a)　目的機能　　　(b)　メカニズム　　　(c)　基本機能

図3.8　目的機能から基本機能への変換プロセス

(1) 目的機能の定義

　機械加工においてお客様が求めている VOC は形状であり，その計測特性 y は寸法です．欲しい出力である寸法 y を変える入力 M は図面に書かれた指示寸法ですから目的機能は図 3.8(a) の入出力関係で定義できます．ここで，加工工程における指示寸法の調整は加工時間を変えることで実現されるので，実際の入力は加工時間となります．また，加工時間に比例して加工量が増加し，その結果として指示寸法の加工物が得られるので，計測特性 y を加工量にすることもできます．

　このように目的機能の計測特性は VOC の代用なのですべての技術分野において定義することが可能なはずです．

(2) 基本機能への変換

　次に，目的機能から基本機能を考案する方法を説明します．基本機能を考案するためには，寸法あるいは加工量と因果関係をもつ現象説明因子を抽出する必要があります．それを図 3.8(b) に示しました．そして，抽出した複数の現象説明因子の中から目的機能の計測特性 y を完全に代用できるものがあれば，それが基本機能の計測特性 X となります．この関係が図 3.5 の④にあたります．ここで完全とは，一つの現象説明因子のみで目的機能の計測特性を代用できるという意味です．

　具体的には，基本機能の計測特性となる現象説明因子 X は，目的機能の計測特性 y と因果関係をもつすべての制御因子 $(A, B, C, \cdots)$ と因果関係をもたなければならないということになります．例えば，図 3.9 の因果構造の場合，現象説明因子 X_1 は基本機能の計測特性になり得ますが，X_2 と X_3 は一部の制御因子としか因果関係をもたないので基本機能にはなりません．また，X_2 あるいは X_3 のみを取り上げた技術開発は部分最適アプローチであるため，大きな改善効果は期待できません．

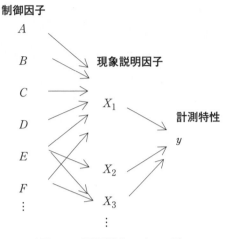

図3.9　因果構造のイメージ

(3)　基本機能の計測

　機械加工分野では基本機能の計測特性 X として，加工に用いるモーターの電流を活用できることがわかっています．それを**図3.8(c)**に示します．ここで，加工に投入した電流値の積算(投入電力)が加工量に比例するので**図3.8(c)**では基本機能の出力を電流の積算値 $\sum X$ としています．

　ここで強調したいことは，**図3.8(b)**の現象説明因子 X と計測特性 y の因果関係を把握する活動は，**図3.5**の①②で示した技術開発活動そのものであるということです．つまり，基本機能の追求は技術開発活動そのものなのです．よって，基本機能を把握するための課題は，前節で述べた一般的に実施されている技術開発活動の課題と共通であり，それは現象説明因子 X と計測特性 y の因果関係を把握する活動を効率化することにあります．基本機能を定義することができれば目的機能の計測特性 y を利用したロバストパラメータ設計(**図3.5**の③)の代わりに，基本機能の計測特性 X を用いたロバストパラメータ設計(**図3.5**の⑤)を行うことが可能となります．

　なお，**図3.8**ではいずれも係数 β を共通としましたが，実際にはこの3つ

の値は異なります.

(4) 基本機能を用いた機能性評価の2つの効果

　次に基本機能を用いた機能性評価の効果について**図3.10**を用いて説明します.**図3.10**は基本機能の計測を一般化して示したものです.**図3.10(b)**は**図3.8(c)**の基本機能の入出力関係にノイズ因子の影響を加えたイメージ図であり,**図3.10(a)**は**図3.10(b)**の入出力関係を描くための元となる計測データの代表的なイメージ図です.

　目的機能の計測特性yを得るまでの過程ではエネルギーの変換を伴う物理的,化学的な現象が必ず起きています.その現象を何らかのセンサーを用いてリアルタイムで計測したものが**図3.10(a)**のセンシング波形です.基本機能による機能性評価の方法としては,このセンシング波形自体を利用する方法もありますが,**図3.8(c)**の入出力関係を定義するために,**図3.10(a)**のようにセンシングの区間を例えば3つに分割し,その積算値(面積)を出力とする方法もあります.このような変換によって**図3.10(b)**の入出力関係を表現できます.

　基本機能による機能性評価の効果は2つあります.一つはセンシング波形のランダムな変動をノイズ因子として活用できることです.**図3.10(a)**で示した計測特性X(現象説明因子)の定常状態でのランダムなばらつきは,エネルギー変換の乱れであり,結果的に目的機能の計測特性yのばらつきの要因と

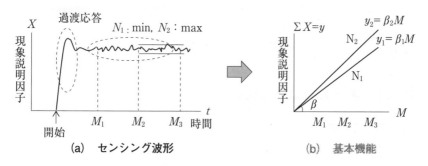

(a) センシング波形　　　(b) 基本機能

図3.10　基本機能の計測

なります．これをダイレクトに計測できることが基本機能を計測する効果の一つです．

　もう一つの効果は過渡応答の波形が利用可能になることです．過渡応答は，システムの構成要素の特性のわずかな変化を高感度に検出できるという特長をもちます．ノイズ因子の影響によるシステムの構造的な変化を高感度に検出することが可能となれば，機能性評価の効率と精度を両立確保できます．

　また，基本機能によるロバストパラメータ設計は，目的機能によるロバストパラメータ設計に比べて，交互作用の影響が少ないことが経験的にわかっています．交互作用の影響が大きくなればなるほどロバストパラメータ設計から得られる要因効果図の傾向の信頼性が低下し，極端な場合は要因効果図からまったく技術的な知見が得られないというケースもあります．

　特に，制御因子の水準幅を大きくとる技術開発段階のロバストパラメータ設計ではその危険性が高まります．これが目的機能を利用したロバストパラメータ設計のリスクです．図3.5の③と⑤を比較すればわかるように，基本機能の計測特性 X は，目的機能の計測特性 y に比べて，制御因子との因果関係が直接的です．それが基本機能のロバストパラメータ設計において，交互作用の影響を抑制できる要因になっていると考えられます．

　このように，目的機能に比べて評価の精度と効率性の向上，および交互作用の影響低減などのメリットが多い基本機能ですが，基本機能による機能性評価にも課題があります．その詳細については3.5節で述べます．

3.4　ロバストパラメータ設計の活用事例

3.4.1　事例の背景と技術開発

(1)　事例の背景

　ここでは，前掲の図3.2のロバストパラメータ設計による技術開発プロセスの事例を紹介します．最初に背景を説明します．

　現在のリムーバブル記録媒体としては USB メモリーが一般的ですが，Windows 95 が登場して間もない 1995 年当時の代表的な大容量リムーバブル記録媒体は光磁気ディスク(magneto optical：MO)でした．当初の光磁気ディスク(以下，MO ディスクと呼ぶ)は，情報を記録する際に，磁気テープや磁気ディスクのようにあらかじめ記録された情報の上にダイレクトに上書き(オーバーライト)することができませんでした．したがって，新しい情報を記録する前に一旦，前の古い情報を消去する動作を追加する必要があり，記録に要する時間が 2 倍必要になってしまうという原理的な問題があったのです．この MO ディスクの最大の弱点といわれていた記録時間の増大問題を克服するためのオーバーライト機能を実現する方法として，交換結合力という磁性層間に働く量子力学的な現象を利用した磁性多層膜による方式が 1984 年に提案されました．この原理発明をきっかけに，多くの企業で交換結合多層膜によるオーバーライト MO 媒体(以下 LIMDOW-MO と呼ぶ*)の研究開発が活発化したのです．このような状況の中で，1991 年にロバストパラメータ設計を活用した LIMDOW-MO 開発のプロジェクトがスタートしました．

(2) 技術開発のポイント

　1991 年当時に研究開発の対象としていた媒体構造(磁性 2 層方式)と 1993 年に開発を完了し，1995 年に量産化に成功した媒体構造(磁性 7 層方式)の断面を図 3.11 に示します．図 3.11 の媒体の各層の厚さは数十 nm から数百 nm です．詳細は後述しますが，量産化に成功した 7 層媒体は構造が複雑であるだけでなく，記録メカニズムも極めて複雑であり，それがゆえに当時は製品化不可能とまでいわれていた方式なのです．7 層方式を量産するための投資の話を聞きつけて，当時の光ディスク業界をリードする立場の方から本気でお叱りを受けたこともあります．複雑な構造と動作メカニズムがロバスト性の確保を困難にさせるという考え方は，信頼性工学においては常識ですが，品質工学では構

＊ LIMDOW：Light Intensity Modulation Direct Over Write

成要素が多い複雑なシステムほどロバスト性が改善されるという考え方をとります. よって, 必然的に最適化の対象となる制御因子の数が増加する方向となり, 技術開発活動の効率化が重要な課題となります.

図 3.11 の 7 層方式によって性能とロバスト性を確保するまでの技術開発プロセスにおいて構造の異なる複数の LIMDOW-MO 媒体を選択・考案し, 各システムに対してロバストパラメータ設計(図 3.2)を行いました. 本節ではその中で 4 層方式をシステム選択の対象とした事例を取り上げます. 図 3.12 に 4 層方式の LIMDOW-MO の媒体構造を示します. 7 層方式の媒体から第 2 メモリ層とスイッチ層, 初期化層を除いた構造です.

図 3.11　LIMDOW-MO 媒体の構造比較

図 3.12　4 層方式の LIMDOW-MO 媒体構造

3.4.2 機能性評価の計画立案

(1) 目的機能の定義

前掲の図3.2の技術開発プロセスをスタートさせる段階で定義した目的機能を図3.13に示します. 欲しい出力である計測特性 y を媒体上に形成された磁化(磁気マークと呼ぶ)の長さ, 入力 M(信号因子)をレーザー発光時間として目的機能を定義しました.

MOディスクを含めた光ディスクはすべて, レンズにより絞り込まれたレーザー光を媒体の記録層に照射し, 記録層の温度を記録材料固有の臨界温度以上に上昇させることで媒体上にマークを形成します. MOディスクでは局所的な温度上昇による磁性層の磁化反転を利用してマークを形成し, 他方, DVDやBD(Blu-ray Disc)では形状変化あるいは相変化を利用してマークを形成します. 利用する物理現象は異なりますが, すべての光ディスクの機能は共通であり, それは記録層にマークを形成する転写の機能によって定義することができます.

光ディスクの記録動作では, お客様の情報がレーザー発光時間の長さに変換され, 媒体上にマーク長さの違いとして転写されます. VOCを直接的に代用する計測特性 y によって定義された入出力関係が図3.13の目的機能です. この入出力関係 $y = \beta M$ がノイズ因子の存在下でも乱れないことが理想です.

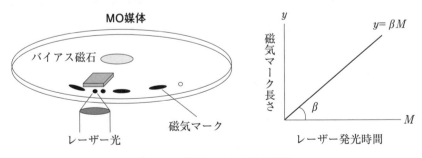

図3.13 光ディスクの目的機能

LIMDOW-MO も含めて光ディスクや磁気ディスクへのマーク形成は，数十から数百 nm の領域におけるナノ秒オーダーの過渡的な現象なのでリアルタイムでのセンシングは不可能です．LIMDOW-MO 開発において計測可能な現象説明因子は mm 単位の領域での静的な熱磁気特性です．しかも積層状態での熱磁気特性の計測は 3 層までが限界でした．

　よって，3.3.2 項で定義した基本機能による機能性評価は実施できない状況でした．このように実際の技術開発の現場では仮に基本機能を発案できたとしてもそれを計測できないケースが多くあります．

(2)　機能性評価における信号因子の水準設定とノイズ因子の選定

次に機能性評価の割り付けを説明します．

　信号因子とノイズ因子をおのおの表 3.2 と表 3.3 に示します．ここで，信号因子の第 1 水準 M_1（最短マーク長さ）は当時の最高記録密度になるように設定しました．光ディスクにおける欲しい計測特性は望小特性です．ノイズ因子は外乱・劣化関連と製造ばらつきの大きく 2 つの要因系から複数選択しています．外乱のノイズ因子としては記録磁界変動と記録レーザーパワー変動の 2 つを選択し，劣化関連のノイズ因子として高パワー連続記録を取り上げました．

　これら 3 つのノイズ因子と信号因子を合わせて直交表 L_9 に割り付けて，市場品質を評価するパートとしています．また，製造ばらつき関連のノイズ因子として，メモリ層組成，記録層組成，全層膜厚を取り上げて直交表 L_4 に割り付けて，量産品質を評価するパートとしています．ここで，組成ばらつきは原材料のばらつきなので，直接的には製造関連のノイズ因子ですが，組成の変化

表 3.2　信号因子の水準

	信号因子 M		
	M_1	M_2	M_3
レーザー発光時間(nsec)	70	130	190

表3.3 ノイズ因子の割り付け

ノイズ因子		水準		
		第1水準	第2水準	第3水準
環境・劣化関連	N 連続記録	あり	あり	なし
	O 記録磁界（Oe）	200	300	400
	P レーザーパワー	- 10%	中心	+ 10%
製造ばらつき関連	Q メモリ層組成（%）	- 1.5	—	+ 1.5
	R 記録層組成（%）	- 1.5	—	+ 1.5
	S 全層膜厚	- 10%	—	+ 10%

注） Oe：磁場の強さの単位で，エルステッドと読む．

は磁気的な物性の変化を引き起こすという意味では環境温度のノイズ因子の代用という役割ももちます．なぜならば，環境温度が変化することは，組成の変化と同じような磁気特性の変化を引き起こすからです．つまり，本質的なノイズ因子は組成や環境温度ではなく磁気物性の変化なのです．

図3.13のイメージ図を見てわかるように，目的機能の計測器の温度を一定にしたまま，ディスクの温度のみを変えることは困難です．また，大きな計測器を恒温槽に入れることも非現実的です．よって，組成を環境温度の代用ノイズ因子とすることは評価の効率性という意味で好都合なのです．技術開発段階でのノイズ因子の定義はこのような工夫が必要となるケースが増えます．

(3) 機能性評価の割り付け

直交表 L_9 と直交表 L_4 を直積配置にした機能性評価の割り付けを図3.14に示します．信号因子は直交表 L_9 の第1列に割り付けています．そして，9 × 4 = 36 の条件ごとに，磁気マーク長さの平均値 $\bar{y}$ と標準偏差 σ の両方を計測しました．ここで，36 個の条件ごとに計測した平均値 $\bar{y}$ だけを用いてもロバスト性の評価にはなりません．なぜならば，光ディスクや磁気ディスクなどの記

S												

No.	M	N	O	P	\multicolumn{2}{c}{1}	\multicolumn{2}{c}{2}	\multicolumn{2}{c}{3}	\multicolumn{2}{c}{4}

(Table)

					1		2		3		4	
S / R / Q				L_4								
No.	M	N	O	P	T_1	T_2	T_1	T_2	T_1	T_2	T_1	T_2
1												
2												
3												
4		L_9										
5												
6												
7												
8												
9												

図3.14　機能性評価の割り付け

録媒体ではノイズ因子の影響によって，マーク形状の乱れが増加することが，本質的なロバスト性の悪化であり，それは，磁気マーク長さのばらつき量が，例えば標準偏差 σ の変化として現れるからです．

　この事例では 36 条件ごとに計測した標準偏差 σ から新たなノイズ因子 T を式(3.3)で定義し，**図3.14** の機能性評価の結果から得られる $9 \times 4 \times 2 = 72$ 個の計測特性 y_{ijk} からゼロ点比例の SN 比を計算しました．なお，SN 比の計算方法の詳細は**付録3.3**を参照してください．

$$T_1 = \bar{y}_{ij} - \sigma, \quad T_2 = \bar{y}_{ij} + \sigma \tag{3.3}$$

3.4.3　目標達成度評価

　図3.12の4層方式のLIMDOW-MOの各層から材料組成，膜厚，成膜プロセス条件などの制御因子を選択し，直交表 L_{18} に割り付けてロバストパラメータ設計を実施しました．ロバストパラメータ設計の「外側」に大規模な機能性評価を計画するケースは少ないのですが，本事例では制御因子を割り付けた直交表 L_{18} の18回の実験と，確認実験2回を合わせた20回の機能性評価を図3.14の割り付けで行いました．

(1)　性能とロバスト性の両立性の判断

　得られた要因効果図を図3.15に示します．ここで，下の要因効果図は記録に必要なレーザーパワーの傾向を示しています．記録のためのレーザーパワーをできるだけ低く設定できれば，その分だけディスクの回転数を高めることが可能となり，記録再生の高速化につながります．したがって，記録に必要なレーザーパワーは一元的品質（図1.6を参照）に相当します．

　2つの要因効果図を比較すると，記録レーザーパワーについては技術的にも納得できるシンプルな傾向ですが，SN比については制御因子 D が連続量にもかかわらずV型傾向を示しています．これが交互作用の影響ですが，D 以外の制御因子については技術的な解釈が可能な傾向を示しています．したがって，SN比をできるだけ高く維持しながら，記録レーザーパワーを合わせ込む方法は，A から F までの制御因子の水準をSN比優先で設定し，制御因子 G で記録レーザーパワーを合わせ込むことです．ここで，注意すべきは制御因子 H です．制御因子 H は記録レーザーパワーを合わせ込む有力な制御因子なのですが，同時にSN比が山型に変化することがわかります．このSN比と記録レーザーパワーのトレードオフが将来の設計自由度を狭く制限させてしまう要因となると予測し，4層方式では事業化は困難と判断したのです．これが前掲の図1.6に示した一元的品質（記録レーザーパワー）と当たり前品質（SN比）のトレードオフ問題なのです．

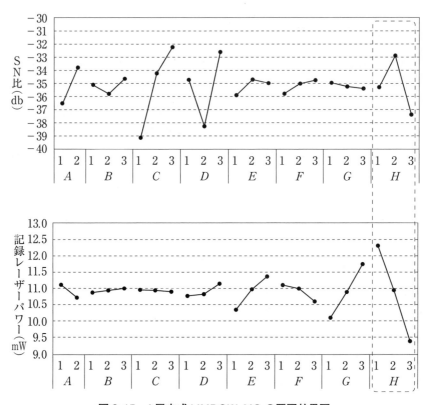

図 3.15　4 層方式 LIMDOW-MO の要因効果図

(2)　確認実験の結果

　図 3.15 の要因効果図から確認実験のための条件を以下のように決定しました. なお，制御因子 B と D の V 字傾向は交互作用の影響と判断し，主効果の過剰な推定を避けるために第 2 水準に設定しています.

　　最適条件：$A_2 B_2 C_3 D_2 E_2 F_3 G_1 H_2$

　　比較条件：$A_1 B_2 C_1 D_2 E_2 F_2 G_2 H_2$

　記録レーザーパワーをできるだけ低く設定することが設計指針ですが，ここでは SN 比に関して交互作用の影響度を判断することを目的として上記のよう

表 3.4　確認実験の結果

	推定値	確認値
比較条件	− 41.67	− 44.67
最適条件	− 31.61	− 29.90
利得	10.06	14.21

に SN 比の最適条件と比較条件を設定しました．結果を**表 3.4** に示します．制御因子 D の大きな V 型傾向からも予想されたように，利得のずれが 4(db) 程度あり，交互作用の影響を受けていることがわかります．

　交互作用の原因としては，**図 3.14** の 36 条件の中に，磁気マーク記録ができない(機能しない)ケースが複数存在していたことが挙げられます．それらの条件については，$y_{ij1} = y_{ij2} = 0$ としてそのまま SN 比を計算したのですが，それによって SN 比が過剰に低いケースが複数発生し，交互作用が大きくなったと考えられます．つまり，ロバスト性の低い側での加法性が不十分な目的特性であることが問題なのですが，ロバストパラメータ設計では制御因子の水準幅を広くとるので，このような結果になることは珍しくはありません．

(3)　ロバスト性の最適条件での目標達成度と製品設計の自由度

　最適条件での SN 比をベンチマークと比較した結果を**図 3.16** に示します．**図 3.16** は，わかりやすくするために縦軸を**図 3.14** の 9 × 4 = 36 条件で得られた標準偏差 σ としてプロットしています．よって，値が小さければ小さいほどロバスト性が高いということになります．**図 3.16** の結果から 36 個のすべての条件において，標準偏差 σ がベンチマーク以下の値であり，この結果から SN 比の最適条件では市場品質が確保できていると判断できます．

　次に判断すべきことは SN 比と記録レーザーパワーを両立する範囲，すなわち製品設計の自由度を確保できるかどうかです．性能とロバスト性を両立する範囲を十分に広く確保できなければ将来の製品設計段階で製品化を断念しなけ

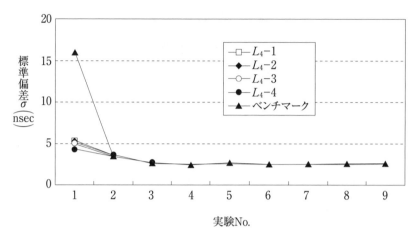

図3.16　最適条件でのベンチマークとの比較

ればならないリスクが高まります．記録レーザーパワーの設定可能範囲を決めているのは前述したように制御因子 H のトレードオフです（**図3.15を参照**）．このトレードオフが将来の製品設計の自由度を狭めてしまうリスク要因です．このリスクに対して，この制御因子 H のトレードオフは4層方式のもつ本質的な弱点であり，解決のためには媒体の構造を変更する必要があると判断するに至り，新たな方式にチャレンジする意思決定をしました．このような意思決定を行なえるのが前掲の**図3.2**のロバストパラメータ設計による技術開発プロセスを行う最大の狙いであり，メカニズム分析パートの活動によって新たなシステムを考案・選択する方向性を定めます．

3.4.4　メカニズム分析

(1)　改善メカニズムの分析

この技術開発におけるメカニズム分析パート（**図3.2**）の狙いは**図3.15**の制御因子 H のトレードオフ関係の背後にあるメカニズムを把握することです．制御因子 H は記録層 $Dy_\alpha(FeCo)_{1-\alpha}$（ディスプロシウム，鉄，コバルト）の組成 α です．この水準を変えることで，複数の現象説明因子の値が変化し，結果的

に図 3.15 の要因効果図が得られたわけです．現象説明因子と SN 比および記録レーザーパワーの因果関係を明らかにすることによって，前述した製品設計可能範囲を拡大するための方針を明らかにすることを目指します（図 3.5 の①②の活動）．なお，本項では固有技術の専門用語が複数出てきますが，その意味の理解は必要なく，メカニズム分析の結果をどのように技術的な意思決定に結び付けたかという視点で読み取っていただければと思います．

　現象説明因子として記録層に関する複数の磁気特性を取り上げて分析を実施しました．その結果から得られた因果関係のイメージを図 3.17 に示します．各現象説明因子は以下です．

　　X_1：記録層のキュリー温度

　　X_2：記録層の初期化磁界（反転磁界）

　　X_3：記録層の磁化 Ms（反磁界）

　　X_4：記録層の磁気的エネルギー MsHc

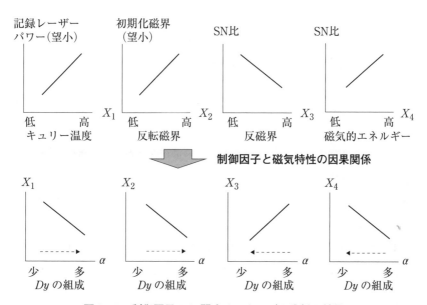

図 3.17　制御因子 *H* に関するメカニズム分析の結果

　図 3.15 の要因効果図における制御因子 H と記録レーザーパワーの関係はシンプルです．キュリー温度 X_1 を下げれば記録温度が低下し，記録レーザーパワーを低く設定できます（図 3.17 の上の一番左）．キュリー温度 X_1 を下げるには組成 α を増やせばよいことはわかっています（図 3.17 の下の一番左）．よって，

　　【1】組成 α を増やす ⇒ キュリー温度 X_1 が下がる ⇒ 記録レーザーパ
　　　　ワーが低くなる

という因果関係となります．このように性能確保の合わせ込みのメカニズムはシンプルなケースが多くなります．

　図 3.15 の制御因子 H の SN 比の山型傾向は複数の現象が関与したバランス問題なのでシンプルではありません．最初に H_3 から H_2 にかけての SN 比の改善傾向を解釈します．これは組成 α を少なくすることで，反磁界 X_3 が低減し，さらに磁気的エネルギー X_4 が上昇するという 2 つの効果によって，記録に伴うマーク長さのばらつきが低減し，SN 比が改善するという現象で説明できます（図 3.17 の上の右側 2 つ）．よって，因果関係は，

　　【2】組成 α を減らす ⇒ 反磁界 X_3 が低減する．同時に磁気的エネルギー
　　　　X_4 が上昇する ⇒ SN 比が改善する

となります．

　その一方で記録層の組成 α を少なくすることは反転磁界 X_2 の上昇を伴うので，記録層の磁化を上向きにそろえるために必要な初期化磁界が高くなってしまいます．それによって，磁界マージンが不足傾向になってしまい，磁気マーク長さの乱れが大きくなります．その影響が支配的になったことが H_2 から H_1 の水準にかけての SN 比の低下傾向として現れていると解釈できます（図 3.15 の制御因子 H）．よって，因果関係は，

　　【3】組成 α を減らす ⇒ 初期化に必要な磁界 X_2 が上昇する（磁界マージ
　　　　ンが狭くなる） ⇒ SN 比が悪化する

となります．これをポジティブな改善効果の表現に変換すると，

　　【3′】組成 α を増やす ⇒ 必要な磁界 X_2 が低下する（磁界マージンが広く

なる）⇒ SN 比が改善する

という因果関係になります(図3.17 の左から2番目). 以上が改善メカニズム
ですが，これを制御因子の水準を変える方向で見ると単純なトレードオフ関係
になっているため，バランス問題として組成 α の妥協点を見出す方針となっ
てしまいます(図3.17 の下の4つのグラフの点線の矢印).

(2) システム考案の方針決定

トレードオフ関係を現象説明因子で記述することにより，根本対策の方向性
を見出すことを目指します．3つの因果関係【1】【2】【3'】から導かれる改善
の方向性は，記録層の磁気的エネルギー X_4 を極限まで高く設定することで
SN 比を高く維持し，同時に記録層を極限まで薄くすることで記録レーザーパ
ワーを低くすることです．しかし，この方針では，初期化磁界 X_2 の上昇は避
けられません．ここに4層方式の限界があるのです．

この問題の解決のためにスイッチ層と初期化層を導入する6層方式を選択し，
さらに6層方式を改良した7層方式(図3.11)を考案しました．3つの因果関係
にもとづく方向性から7層方式の制御因子を選択し，ロバストパラメータ設計
を実施したところ，トータルの膜厚を4層方式の半分程度まで低減できること
がわかりました．逆説的ですが，2層膜から4層膜，さらには7層膜にするこ
とによって合計の膜厚を薄くすることができたのです．7層膜方式の合計膜厚
は2層膜方式の3分の1以下になりました．

このように層数を増やすことで記録レーザーパワーの低減だけではなく，合
計の材料費削減にも貢献できたのです．この7層方式の実現によって，4層方
式のトレードオフ関係が解消され，記録レーザーパワーと SN 比が両立する範
囲を大幅に拡大することが可能となり，以下の5種類の製品の設計を実現しま
した．

　3.5インチ 230MB, 3.5インチ 540MB, 3.5インチ 640MB,

　5インチ 2GB, 5インチ 2.6GB

田口博士は「複雑なシステムでなければロバスト性を向上させることができ

ない」と述べていますが，筆者はこの技術開発を通じてその言葉の意味を実感することができました.

ところで，本事例では交互作用の影響が 40％程度ありましたが，制御因子 H の要因効果図の傾向は技術的な解釈をできるものでした. それによって，メカニズム分析活動の対象を絞り込むことができたのですが，交互作用の影響が大きく，要因効果図の傾向が信頼できなくなり，メカニズム分析の対象を明確化できないケースが多いという現実もあります. また，要因効果図からメカニズム分析の対象を明確化できたとしても図 3.17 のような因果関係の把握は長期間の試行錯誤が必要となり，効率性の課題が残ります. これを解決する技法が第 4 章で説明する CS-T 法です.

ノート 3.1 　7層 LIMDOW-MO の記録メカニズムと制御可能な対象

計測特性の値は制御によっても安定化可能ですが，制御による計測特性の安定化の前にロバスト性確保が重要なケースが多いことも事実です. ここではその例を示します.

図 3.18 に 7 層 LIMDOW-MO の記録メカニズムを示します. ここでは 2 つのメモリ層を 1 層として描いています. 7 層 LIMDOW-MO のオーバーライト記録は以下 3 つの転写プロセスによって完了します.

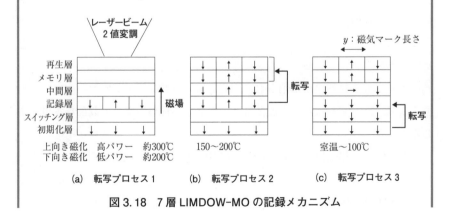

図 3.18　7 層 LIMDOW-MO の記録メカニズム

転写プロセス1

高パワーと低パワーの2値に変調された記録レーザー光(**図3.13**)を媒体に照射したときの高パワー照射エリア(記録マーク形成エリア)の媒体温度を記録層のキュリー温度程度まで上昇させる. このとき記録層と初期化層以外の磁性層はキュリー温度以上となって磁性を失い, 記録層のみの単層状態となるので, 記録層のみにマークが形成される. 初期化層のキュリー温度は記録層よりも十分に高く, 保磁力も大きいので記録されない.

転写プロセス2

転写プロセス1で記録層への記録動作が完了したエリアの媒体温度の低下と, 記録しないエリアへの低パワーレーザーの照射によって, 中間層, メモリ層, 再生層の3層の温度が中間レベルとなり, この3層の磁化の向きが交換結合力によって記録層の方向に転写される.

転写プロセス3

さらに媒体温度が室温まで下がる過程で, 初期化層の磁化が記録層のみに転写される. この転写プロセス3の状態でお客様の情報が保管され, また媒体温度が上昇しないレベルのパワーに設定されたレーザーを照射することで, 磁気マーク長さを読み込み, お客様の情報を再生する.

これら3つの転写プロセスの中で, レーザーのパワーの微調整で制御可能な対象は転写プロセス1の記録層へのマーク形成のみです. その後の2つの磁性層間の転写プロセスは媒体固有の自己完結型の現象であり, この一連の動作は市場において一切制御することができません. よって, 技術開発段階でこれらの転写プロセスの環境温度に対するロバスト性を確保する必要があります. それが**表3.3**のようにメモリ層組成と記録層組成をノイズ因子に取り上げた理由です.

さらに, **図3.13**に示したディスクを同じ回転数で回した場合, 内周よりも外周の速度が速いので, 外周にいくほど記録レーザーパワーを高くする必要があります. この必要記録パワーの速度依存も当然の自然現象なので必ず制御が必須ですが, 最初から制御に頼るのではなく, 技術開発段階

において速度をノイズ因子としてとらえて，記録レーザーパワーをできる
だけ安定させるロバスト化の技術開発を行うことも重要です．**図 3.11** に
は機能膜である磁性層のみ描いていますが，実際の媒体では上側に誘電体
層，下側には誘電体層とメタル層を形成しています．これらトータル 10
層の構造を最適化することで記録時の媒体の熱挙動を変化させて，記録
レーザーパワーの速度依存を変えることができます．それによって記録
レーザーパワーの内外差が小さくなれば，結果として回転数を高めること
が可能となり，一元的品質である記録再生速度を高めることが可能となり
ます．

3.5　ロバストパラメータ設計の課題

　交互作用の影響を受けにくく，効率的にシステムを最適化する技法として基
本機能を利用したロバストパラメータ設計が推奨されていますが，基本機能を
計測することが困難な技術分野が多いのが現実です．基本機能を利用できない
状況では，一部の制御因子だけを取り上げて，目的特性と現象説明因子の因果
関係を把握する従来からの技術開発方法か，あるいは目的機能などの目的特性
を利用したロバストパラメータ設計による技術開発のどちらかが現実的にとり
うるアプローチとなります．ここで，従来からの一般的な技術開発方法は目的
特性の変化幅が狭いので改善が進まないという問題があり，また同時に現象説
明因子の値の変化幅も狭くなるので両者の因果関係の把握精度が低下してしま
うという問題もあることは既に述べました．

　一方，目的特性を利用したロバストパラメータ設計は多くの制御因子を同時
に直交表に割り付けるので少ない実験回数で目的特性の値の変化幅を拡大し，
改善を加速することが可能です．しかしながら，前述したように**図 3.2** の技術
開発プロセスにおけるメカニズム分析パートを解析対象としないので，改善メ
カニズムの解明は従来からの試行錯誤的なアプローチが必要になってしまうと

いう問題があります．さらに，目的特性を利用したロバストパラメータ設計は
交互作用の影響を受けやすいので，要因効果図の傾向を信頼できなくなる危険
性があり，その場合アナリシスパートの分析活動の対象を絞るための技術情報
が得られなくなってしまうというリスクもあります．

　ロバストパラメータ設計の改善効率を維持しながら，目的特性と現象説明因
子の因果関係を把握する精度と効率性を両立し，新たに考案あるいは選択する
システムや制御因子が目的特性の改善に結び付く確実性を高めることが課題で
す．この課題を解決する技法として CS-T 法を確立しました．また，目的特
性と現象説明因子の因果関係を把握することは，基本機能の候補を検出するこ
とでもあります．よって，CS-T 法はシステムや制御因子の考案だけでなく，
基本機能の計測特性を定義することの効率化にも有効です．CS-T 法およびそ
の応用技法の詳細は**第4章**で説明します．また，ロバストパラメータ設計にお
ける一元的品質と当たり前品質のトレードオフを示すその他の事例を**付録4**に
示します．

第3章の参考文献

［1］　田口玄一(1988)：『品質工学講座1 開発設計段階の品質工学』，日本規格協会．
［2］　N. Aoyama, S. Yamashita, Y. kunimatsu, T. Hosokawa, Y. Morimoto, M. Suenaga, M. Yoshihiro, K. Shimazaki (2004): "Optimization of Pit Depth for concurrent Read Only Random Access Memory Optical Disk," *Jpn. J. Appl. Phys.*, Vol. 43, 6A, pp. 3432-3437.
［3］　Harukazu Miyamoto, Masahiro Oima, Tsuyoshi Toda, Toshio Niihara, Takeshi Maeda, Jun Saito, Hiroyuki Matsumoto, Tetsuo Hosokawa, and Hideki Akasaka (1993): "2GB/130mm Capacity Direct-Overwrite Magneto-Optical Disk," *Jpn. J. Appl. Phys.*, Vol. 32, 11B, part1.
［4］　Tetsuo Hosokawa, Akio Okamuro, Kazutomo Miyata, Hideki Akasaka, Akito Sakemoto (1996): "Production of LIMDOW Media," Proc. Of MORIS '96, T. Mag. Soc. Jpn, Vol. 20, No. S1, pp. 205-209.
［5］　Tetsuo Hosokawa, Akio Okamuro, Kazutomo Miyata (1997): "LIMDOW-MSR

MO disk memory," Optical Data Strage '97, SPIE Vol. 3109. Tucson, Arizona.

［6］ 細川哲夫, 岡室昭男, 宮田一智, 松本広行(1994):「交換結合オーバーライト光磁気ディスク開発への品質工学の適用」,『品質工学』, Vol. 2, No. 2, pp. 26-31.

［7］ 細川哲夫(2016):「タグチメソッドの狙いと開発段階での活用事例」,『強化プラスチックス』, Vol. 62, No. 8, pp. 324-333.

［8］ 田口玄一(1999):「マネジメントのための品質工学(5) 技術開発のための戦略」,『品質工学』, Vol. 7, No. 6, pp. 5-10.

［9］ 細川哲夫(2016):「開発活動での品質工学活用方法 創造的な技術者を目指して 第1回 開発活動と設計活動におけるパラメータ設計の狙い」,『標準化と品質管理』, Vol. 69, No. 10, pp. 50-55.

［10］ 細川哲夫(2016):「開発活動での品質工学活用方法 創造的な技術者を目指して 第2回 開発活動の全体像」,『標準化と品質管理』, Vol. 69, No. 11, pp. 48-52.

［11］ 田口玄一(2000):『ロバスト設計のための機能性評価』, 日本規格協会.

［12］ 上野憲造(1993):「転写性による難削材の切削技術開発」,『品質工学』, Vol. 1, No. 1, pp. 26-30.

［13］ 高橋和仁, 阿部憲瑞, 辻千梶尋, 矢野宏(1997):「切削加工における動特性SN比の研究」,『品質工学』, Vol. 5, No. 3, pp. 55-62.

［14］ 松田祐道, 宮脇勝明, 庄司尚史, 細川哲夫, 伊東良平(2014):「感光体ドラム駆動に対応した高精度遊星歯車機構における品質工学を用いた寿命予測手法」Ricoh Technical Report No. 39.

［15］ 岡林英二, 大西泰造, 高木俊雄(2000):「4種類のテストピースと基本機能を用いた新定着システムの開発」,『品質工学』, Vol. 8, No. 1, pp. 51-59.

［16］ 細川哲夫他(1996):「開発期間は半減できる タグチメソッドを試したか」,『日経メカニカル』, No. 474.

［17］ 細川哲夫(1996):「研究開発段階における品質工学の利用について LIM-DOW媒体開発を例として」,『品質工学』, 論説, Vol. 4, No. 6, pp. 9-12.

［18］ 細川哲夫(1998):「従来開発方法の限界 オーバーライト型MOディスク開発を通じて思うこと」,『品質工学』, 解説, Vol. 6, Mo. 3, pp. 23-30.

［19］ 矢野宏編集(2012):『田口玄一論説集 第3巻 タグチメソッド, その誤解と真実 品質工学解題 技術開発のマネジメント』, 日本規格協会, pp. 355-357.

［20］ 小野元久編著(2013):『基礎から学ぶ品質工学』, 日本規格協会.

［21］ 立林和夫(2004):『入門タグチメソッド』, 日科技連出版社.

第 4 章

基本機能を探索できる CS-T 法

　本章では目的特性を利用したロバストパラメータ設計の課題を解決する技法，CS-T（Causality Search T-Method）法を提案し，その有効性を事例によって示します．なお，CS-T 法の解析手順については**付録 4** を参照してください．

4.1　CS-T 法による実験計画とその狙い

(1)　CS-T 法による実験計画

　CS-T 法による実験計画を**図 4.1** に示します．CS-T 法は，**図 3.5** に示した 3 つのパートすべてを網羅した技法です．その最大の狙いは，**図 3.5** のマネジメントパートにある目的特性とアナリシスパートにある現象説明因子との因果関係を把握することです．

　この 2 つのパート間の因果関係を把握するためには，**3.3 節**で説明したようにシンセシスパートにある制御因子の水準を変えて，現象説明因子と目的特性の値を変化させる必要があります．これを行うために，CS-T 法による実験計画は，「直交表パート」（シンセシスパートに対応），「T 法パート」（アナリシスパートに対応），「目的特性パート」（マネジメントパートに対応）の 3 つのパートから構成されます．

(2)　CS-T 法の狙い

3.3 節で説明したように，目的特性と現象説明因子の因果関係を把握することは，基本機能の計測特性を探索する活動でもあります．したがって，CS-T 法を使うとシステムや制御因子の考案と基本機能の考案を同時に行うことができます．

また，CS-T 法の狙いは目的特性と現象説明因子の因果関係を把握することであり，図4.1 の直交表パートを解析対象としていないことから，直交表に割り付けられたすべての実験を行う必要はありません．T 法パートの解析から，

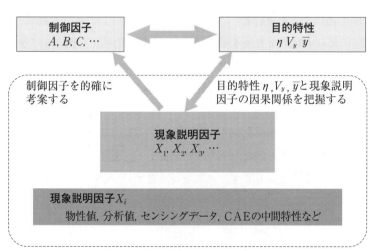

図4.1　CS-T 法の実験計画とその狙い

目的特性の改善効果を説明する現象説明因子を十分な精度で検出できたと判断できた時点で，直交表の実験を打ち切ることもできます．このことは，実験期間の短縮に大きく貢献します．

　技術開発段階では大きな改善効果を狙ってできるだけ多くの制御因子を取り上げたいのですが，そのためには大規模直交表を利用しなければならず，実験期間の長期化を避けることができません．さらには，大きな改善効果を目指して制御因子の水準のふり幅を大きくすると交互作用の寄与が大きくなり，長時間をかけて得た要因効果図を見ると，主効果からずれた山谷傾向が多くなり，正しい技術情報が得られないというリスクもありました．CS-T法によってこのようなリスクを根本的に低減することも可能です．

ノート4.1　T法とCS-T法

　T法は田口博士が考案した多変量解析手法の一種です．従来は主に製造ラインの特性変化や不動産価格などを予測するために活用されてきました．したがって，T法活用の主目的は重回帰分析と同じく特性の予測ですが，T法はサンプル数が少ないときに重回帰分析よりも予測精度が高いという特長があります．一方，CS-T法は，これまで製造段階や市場で得られるさまざまなデータの予測のために利用されてきたT法を技術開発段階の要因解析のために活用します．

　CS-T法における直交表の役割は次の①であり，T法の役割は②です．

　　① 直交表によって指定された条件でサンプルを作成するので，技術者の判断にもとづく狭い範囲でのサンプル作成ではなく，網羅的な条件でサンプルを作成することになります．そして，少ないサンプル数で現象説明因子と目的特性の値の変化幅が広がり，目的特性と現象説明因子の因果関係を把握する精度と効率の両立性が高まります．

　　② 目的特性の改善メカニズムを説明できる可能性のある現象説明因子をできるだけ多く取り上げ，T法パートの項目として直交表実

験の各行で計測(あるいは計算)します. 現象説明因子をたくさん取り上げる理由は, 目的特性と因果関係のある現象説明因子の検出確率を高めるためです. ここに少ないサンプル数でも解析精度の低下が少ない T 法の特長を利用するのです.

ところで, **図 4.1** の T 法パートの代わりに前述した重回帰分析を利用する方法も考えられますが, 重回帰分析は以下の 3 つの理由により CS-T 法には適用できません.

(a) 2 つの現象説明因子間に強い相関があると, どちらかの現象説明因子が検出されない. 開発活動では目的特性と相関のある現象説明因子のすべてを検出したいが, それができない.

(b) 十分な解析精度を得るためには, 現象説明因子の個数の 3 倍程度以上のサンプル(実験回数)が必要となる. 開発活動ではできるだけ少ない実験回数で, できるだけ多くの現象説明因子を解析したいが, それができない.

(c) サンプル数が少ない場合は変数選択(現象説明因子の選択)が必要になる. そのとき, サンプル数が異なると「推定式」に取り込む現象説明因子が異なってくる. よって, 共通の推定式を定義できなくなり, 直交表実験の実験回数によって, 「現象説明率」と「寄与率」の値が変化する傾向を評価することができなくなる(詳細は**付録 5**を参照).

4.2　用紙の小型折り機構開発への適用事例

4.2.1　事例の背景

CS-T 法を初めて適用した事例が用紙を搬送しながら用紙を折りたたむ折り機構の小型化開発です. この技術開発テーマでの一元的品質は装置の大きさで

す. 装置を小型化すればするほど用紙を搬送し折りたたむ機能のロバスト性確保(図1.6の当たり前品質のマージン確保)が難しくなります. 小型折り機構の技術開発の事例を用いてCS-T法を具体的に説明します.

本事例でのCS-T法の実験はすべてシミュレーションを利用して実施しました. 近年のコンピュータの計算能力の飛躍的進歩によって, 実物に近い3Dモデルベースのシミュレーション実験が可能となり, 実用上十分な精度で目的特性や現象説明因子の計算ができるようになりました. そして, シミュレーション実験では目的特性の値を得るまでの過程でさまざまな中間特性が計算されます. T法は解析対象の項目数に制御がないので, 多くの中間特性を図4.1のT法パートの現象説明因子として解析対象にすることもできます. シミュレーション実験は大量の現象説明因子を簡単に入手できるのでCS-T法との相性が良いといえます.

また, シミュレーション実験は実物実験に比べれば相当に効率的ですが, それでも多くの制御因子を取り上げるロバストパラメータ設計は実験規模が大きくなるため, 計算時間の短縮が課題でした. それについても, CS-T法の直交表実験の打切り判断によって, 実験効率化の課題を解決することが可能となります.

4.2.2 実験計画と解析方法

(1) 小型折り機構の実験計画

計測特性yは, 図4.2に示すように用紙端部から折れた位置までの距離としました. ノイズ因子が存在してもこの距離がばらつかないことが理想です. 入力を指示距離, 出力を実際に折れた位置までの距離とすれば図3.6の動特性の機能性評価となりますが, シミュレーション実験では非線形が発生しないので図3.7の望目特性としています.

この実験計画は図4.3に示すとおりです. ノイズ因子はN(カール), O(摩擦係数), P(クラーク剛度)の3つを取り上げて直交表L_4に割り付けています. 本事例では出力を無視したほうが良いと判断し, 直交表L_4から得られる4つ

計測特性「距離」

図 4.2　小型折り機構の開発における計測特性

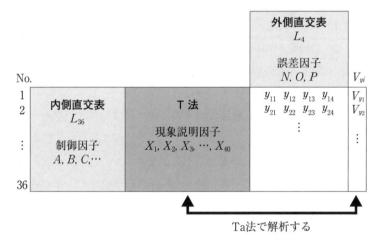

図 4.3　小型折り機構の開発における CS-T 法の実験計画

のデータ y_{i1}, y_{i2}, y_{i3}, y_{i4} から分散 V_y を計算し，これを目的特性としました．ここで，添え字の i は制御因子を割り付けた直交表 L_{36} の実験順序です．制御因子はローラの形状，表面材質などを 12 個抽出し直交表 L_{36} に割り付けました．T 法パートの現象説明因子には，**図 4.4** に示したように機構内数箇所における荷重 F_i，およびその時間依存 $(\Delta F/\Delta t)_i$，用紙搬送速度 V_i，ローラたわみ D_i，およびそれらのばらつきを 40 個取り上げました．ここで，各現象説明因子はノイズ因子の水準に対応して 4 個のデータがあるので，それらのデータから算出した分散あるいは標準偏差も現象説明因子に加えることができます．

$X_i : F_i$ 機構内数箇所での荷重
$X_i : (\varDelta F/\varDelta t)_i$ 荷重の時間依存

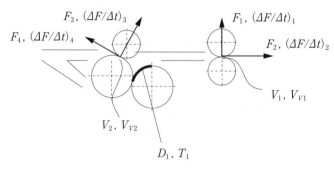

$X_i : V_i$ 用紙搬送速度, V_{Vi} 速度ばらつき
$X_i : D_i$ ローラたわみ, T_i 変形までの時間

図4.4　小型折り機構開発で取り上げた現象説明因子

(2)　Ta法で解析する理由

次に CS-T 法の解析方法について説明します．品質工学には複数の多変量解析手法がありますが，その中の一つが「T法」であり，さらに T 法にも複数の手法が考案されています．CS-T 法の T 法パートの解析ではその中の「Ta法」を使います．

Ta法は推定精度の向上のために T 法を改良した技法です．直交表実験を1回追加実験するごとに逐次的に T 法解析を行うことが CS-T 法の特徴の一つですが，それを可能にするのが Ta 法である理由は以下のとおりです．田口博士によって最初に考案された T 法では，「単位空間」(標準として使用するサンプル)を技術者の判断によって任意に設定しますが，単位空間が異なれば，それにもとづいて定義される推定式も異なるので，CS-T 法の解析結果も単位空間の設定条件の違いに依存して変化してしまいます．このことは CS-T 法の特徴の一つである，解析結果が実験回数によって変化する傾向が一意に決まらないことを意味します．なぜならば，直交表実験を1回行うごとにサンプル数が1つ増えるため，その都度単位空間に使うサンプル(直交表の実験 No.)を選

択することになるからです．一方，Ta 法はすべてのサンプルを使用した平均値を単位空間とするので推定式が一意に決まります．したがって，解析結果が実験回数によって変化する傾向も技術者の判断とは関係なく一意に決まります．これが CS-T 法において Ta 法を利用する理由です．

(3)　現象説明率の意味と計算

CS-T 法で Ta 法を利用する狙いは推定精度の向上ではなく，解析結果が実験回数によって変化する傾向の再現性を確保し，実験打切り判断にばらつきを生じさせないためです．CS-T 法の解析方法は**付録 5** に示しますが，ここでは実験打切りを判断する指標である「現象説明率」の計算方法を説明します．現象説明率は，Ta 法の解析から得られた分散の推定値 $\widehat{V}_y$ の全変動 S_T を比例項変動 S_β と誤差変動 S_e に分解して得られる相関係数の 2 乗，

$$R^2 = \frac{S_\beta}{S_T} \tag{4.1}$$

の値です．例えば，**図 4.3** の直交表 L_{36} の実施が 5 行であれば，5 行分の分散の結果から Ta 法の推定式を求めて，5 つの分散の推定値 $\widehat{V}_y$ を算出し，真値を分散 V_y として，以下のように動特性の SN 比と同様な計算から式(4.1)の値を算出します．

$$r = \sum_{i=1}^{5} V_{yi}^2 \tag{4.2}$$

$$L = \sum_{i=1}^{5} \widehat{V}_{yi} V_{yi} \tag{4.3}$$

$$S_T = \sum_{i=1}^{5} \widehat{V}_{yi}^2 \tag{4.4}$$

$$S_\beta = \frac{L^2}{r} \tag{4.5}$$

$$S_e = S_T - S_\beta \tag{4.6}$$

式 (4.1) の現象説明率は，取り上げた現象説明因子と目的特性との因果関係の強さを示しています．現象説明率によって現象説明因子を検出できたかどうかを判断し，直交表実験の打ち切り可否を判断します．

(4) 直交表実験の打切り判断方法

目的特性と因果関係をもつ現象説明因子の検出は，項目選択と呼ばれる直交表を利用した方法を使います (項目選択については**付録 5** を参照)．本事例では直交表 L_{48} を利用し，48 個の総合推定 SN 比,

$$\eta = 10 \log \left(\frac{S_\beta}{S_e} \right) \quad \text{(db)} \tag{4.7}$$

を計算しました．式 (4.1) の現象説明率は値そのものが意味をもちますが，加法性がないので直交表を利用した項目選択には適しません．一方，式 (4.7) の総合推定 SN 比は値そのものに意味がない相対値ですが，加法性に優れているので，直交表を利用した項目選択に有効です．

式 (4.1) の現象説明率と式 (4.7) の総合推定 SN 比を分けるのも CS-T 法の特長の一つです．本事例の場合であれば直交表 L_{48} から得られた 48 個の総合推定 SN 比から各現象説明因子の水準平均値を算出し，その水準差 ΔSN 比を算出します．あるいは，48 個の総合推定 SN 比を使って分散分析を実施し，各現象説明因子の寄与率 ρ_X を算出します．この寄与率 ρ_X あるいは ΔSN 比も直交表実験の打切り判断の指標として利用します．

CS-T 法の解析イメージは**図 4.5** のとおりです．小型折り機構の開発では結果的に直交表 L_{36} の実験を 13 回 (36 セットからランダムに 13 個行う) で打ち切りました．打切りの基準は，5 回連続で 60 % 以上の現象説明率 R^2 が得られ，かつ同じ現象説明因子が 5 回連続で検出されることとしました．また，直交表 L_{36} の実験において，すべての制御因子の水準が少なくとも 1 回は変わることを前提条件とします．したがって，13 回での打切りは直交表 L_{36} における最少実験回数になります．

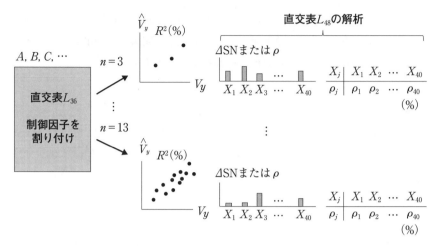

図4.5　CS-T 法の解析イメージ

4.2.3　実験の結果

(1)　直交表の実験回数に対する解析結果の傾向

直交表 L_{36} の実験（No. 1〜36 の 36 セット）をランダムに行い，3 回の実験の完了後に Ta 法で解析し，現象説明率を算出します．また，直交表 L_{36} を 1 回追加実施するごとに直交表 L_{48} を使った項目選択を行い，各現象説明因子の寄与率あるいは $\varDelta$SN を算出します．図 4.6 に直交表 L_{36} の実験回数を 3 回から 13 回まで増やしたときの現象説明率，図 4.7 に寄与率の推移をそれぞれ示します．図 4.7 は，結果的に寄与率が大きかった 2 つの現象説明因子 X_{14} と X_{28} の傾向のみを取り上げたものです．現象説明率の実験回数に対する傾向，寄与率の実験回数に対する傾向ともに途中のある実験回から傾向が大きく変化します．本事例の場合，7 回目の実験までと，8 回目の実験以降で大きく傾向が異なります．以下にその詳細を説明します．

図 4.6 で最初の 3 回目の実験完了後で既に高い現象説明率となっていますが，これはサンプル数が少ないことに起因した偶然の相関によるものです．一方，図 4.7 を見ると，7 回目の実験完了までは，寄与率の大きい特定の現象説明因

子は検出されていませんが，8回目の実験完了後から X_{14} と X_{28} の2つの現象説明因子の寄与率が際立って大きくなり，さらに実験回数を増加させたとき，ほぼ等しい寄与率を再現しています．

また，**図4.6** では実験回数の増加とともにわずかに低下傾向を示していた現象説明率が8回目の実験完了後に上昇し，その後は13回目の実験まで連続で

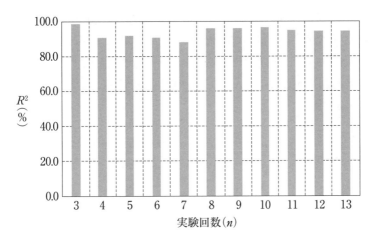

図 4.6　実験回数に対する現象説明率 R^2 の傾向

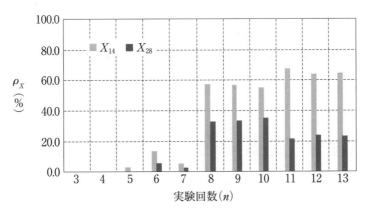

図 4.7　実験回数に対する現象説明因子 X_{14} と X_{28} の寄与率 ρ_X の傾向

高い現象説明率が再現しています．**図 4.6** の高い現象説明率の再現性と，**図 4.7** の寄与率の再現性から，用紙の折れ位置までの距離のばらつき（分散）を改善する現象説明因子は X_{14} と X_{28} の 2 つであると判断しました．

　なお，**図 4.6** と**図 4.7** の傾向は実験の順序を入れ替えても再現することを確認しています．

　13 回目の実験を行った後の用紙の折れ位置まで距離の分散の真値 V_y（シミュレーションによる実際の計算値）と，Ta 法で得られた推定値 $\widehat{V_y}$ の散布図を**図 4.8**，直交表 L_{48} を使った項目選択の要因効果図を**図 4.9** におのおの示します．**図 4.8** の現象説明率は 94.6% であり十分な推定精度です．また，**図 4.9** の $\mathit{\Delta}$SN 比の結果から X_{14} と X_{28} の 2 つの現象説明因子の寄与が十分に大きいことがわかります．

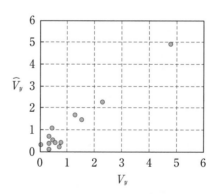

図 4.8　分散の真値 V_y と Ta 法による推定値 $\widehat{V_y}$ の散布図（R^2＝94.6%）

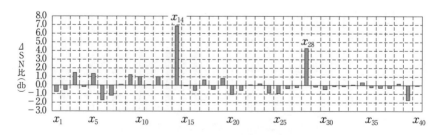

図 4.9　直交表 L_{48} による項目選択の要因効果図

(2)　因果関係をもつ現象説明因子がない場合

　次に，目的特性と因果関係をもつ現象説明因子が存在しない場合の結果を図4.10 に示します．図 4.9 の項目選択結果から $\mathit{\Delta}$SN 比がマイナスとなっている現象説明因子のみを選択し，図 4.6 と同様にして現象説明率の実験回数に対する傾向を計算した結果が図 4.10 です．図 4.10 から，目的特性と因果関係をもつ現象説明因子が含まれない場合は，実験回数が増えたとき，現象説明率が低下したまま上昇しないことが確認できます．これは，実験回数が少ないときは偶然の相関によって現象説明率が高くなりますが，実験回数を増やすことによって偶然の相関をもつ現象説明因子が減っていくからです．このように実験回数を増加させたときの現象説明率の傾向の違い（図 4.6 と図 4.10 を比較）からも X_{14} と X_{28} の 2 つの現象説明因子が目的特性と因果関係をもつことを確認することができます．

(3)　実験回数に対する傾向の解析方法のまとめ

　CS-T 法の実験打切り判断の方法についてまとめます．CS-T 法は直交表の一部実施により，実験の効率化を目指しているため，サンプル数が少ないケースを想定しています．少ないサンプル数では現象説明因子と目的特性（本事例では用紙の折れ位置までの距離のばらつき（分散））が偶然に相関をもつ可能性

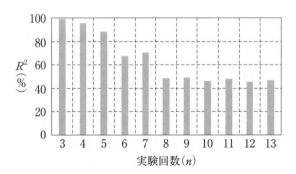

注）　図 4.9 にて $\mathit{\Delta}$SN 比がマイナスの項目のみを用いた．

図 4.10　実験回数に対する現象説明率の傾向

が高まり，それによって現象説明率が高くなります．しかし，取り上げた現象
説明因子の中に目的特性と因果関係をもつものがなければ，偶然の相関をもつ
現象説明因子数が減少するため，現象説明率が低下傾向を示します．逆に取り
上げた現象説明因子の中に目的特性と因果関係をもつ現象説明因子が含まれて
いれば，直交表 L_{36} の実験回数を増やすことで，いったん低下した現象説明率
が再び上昇するか，あるいは現象説明率は直交表 L_{36} の実験回数に大きく依存
せずに高い値を維持します．同時に特定の現象説明因子の寄与率あるいは
ΔSN 比が大きくなります．

　このように実験回数に対する現象説明率と寄与率あるいは ΔSN 比の傾向か
ら直交表実験の打切りを判断します．

4.2.4　試作評価の結果

(1)　実験による基本機能の把握

　現象説明因子 X_{14} は，機構内のある位置での用紙搬送の移動速度の平均値で
あり，X_{28} はその標準偏差です（ノイズ因子を割り付けた直交表 L_4 の 4 つの
データから算出）．このことから，機構内部のある位置での用紙搬送の搬送距
離と時間の関係が用紙の折れ位置のばらつきを低減する鍵であり，それが本シ
ステムの基本機能候補であることを明らかにできました．

　また，この 2 つ以外の現象説明因子が目的特性と強い因果関係をもたないこ
とも有益な情報でした．距離と時間の関係は従来からいわれてきた用紙搬送の
基本機能ですが，CS-T 法によって機構内のどの位置の基本機能のロバスト性
を向上させるべきかを特定することが可能となり，それによってロバスト性の
目標を達成できるシステム構造を的確に考案することが可能になりました．

　従来，基本機能は考案するものであり実験で発見することは考えられていま
せんでした．よって，基本機能を計測する位置を事前に適切に決定しなければ
ならなかったのですが，それは十分な技術蓄積がないと難しいのです．そこに
も基本機能のロバストパラメータ設計のリスクがあります．一方，目的機能の
ロバストパラメータ設計は，取り上げた制御因子の改善効果の情報は得られま

すが，現象説明因子を解析対象としないので，改善メカニズムが不明であり，そこから新規な制御因子を的確に考案することは難しいのです．

(2) 考案したシステムの評価結果

本事例では，前述した 13 回のシミュレーション結果からシステム構造と制御因子を考案し，それを反映したプロトタイプを 1 回だけ試作し，十分なロバスト性が確保されていることを確認して開発を完了しました．試作機を評価したところ，従来機に比べて，図 4.3 の用紙の折れ位置までの距離のばらつき，すなわち分散 V_y が約 1/2 に低減していました．開発期間は直交表の全実験を行うロバストパラメータ設計の約 1/3 でした．

本技術開発によって実現した製品(2016 年 10 月市場投入)の仕様を従来機の仕様と比較して表 4.1 に示します．また，製品の概観を図 4.11 に示します．従来製品に比べて体積が約 11% に小型化され，重量も約 16% に軽量化されている一方で，従来製品の約 21% の低価格を実現しています．さらに，折った用紙を積み上げたときの高さを従来製品と比較した結果は図 4.12 で，従来品に比べて約半分の高さとなっていたことがわかります．これは，従来製品以上にしっかりと折り目をつけることが可能となったことを意味しています．つまり，用紙を折る位置の安定性が向上した結果として折り機能の確実性の向上にもつながっており，一石二鳥の成果があったことを示しています．

表 4.1 仕様の比較

仕様	従来機	開発機
体積(cm^3)	336,238	35,431
重量(kg)	95	15
価格(US ドル)	6,100	1,300

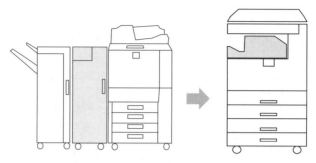

図4.11　外観イメージの比較(左：従来機，右：開発機)

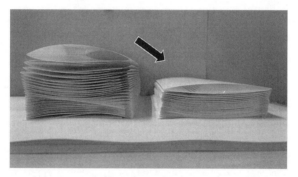

図4.12　折高さの比較(左：従来機，右：開発機)

ノート4.2　R-FTAによるCS-T法の対象決定

　目的機能の計測特性yは，お客様の声(VOC)を計測可能な特性で代用したものであることを第3章で説明しました．小型折り機構に対して，お客様が求めていることは，狙いの位置でしっかりと折れることですから，計測特性yを図4.3のように用紙端部から折れた位置までの距離とすることには妥当性があります．この計測特性yを出力としたときの入力Mは指示した距離であり，目的機能は$y = \beta M$と表現できます．この目的機能がさまざまなノイズ因子に対して安定であればロバスト性が高いということになります．

　目的機能を定義した後に，目的機能を実現するために要求される複数の

「要求機能」(functional requirement：FR)に分解し，展開する技法を「R-FTA」(reverse-FTA)と呼びます．一般に知られている「FTA」(fault tree analysis)ではトップ事象を不具合とします．

　例えば，小型折り機構の場合であれば用紙詰まりなどをトップ事象として，その不具合が発生する下位要因を因果展開していきます．一方，R-FTA ではトップ事象を目的機能などのあるべき状態として定義します．R-FTA は FTA とは逆に良い状態を実現するための下位要因を因果展開するので Reverse の R が付いています．

　特定の不具合発生の原因を網羅的に抽出するのが FTA の目的ですから，FTA ではトップ事象に取り上げた不具合項目以外の不具合には対応できません．一方，さまざまなノイズ因子に対して目的機能が安定している状態を実現することは，結果的にさまざまな不具合を発生させないことにつながります．そして R-FTA は，目的機能をトップ事象として展開するので，さまざまな不具合の未然防止のために役立つことが期待できます．

　小型折り機構について R-FTA を行った結果が図 4.13 です．図 4.13 の R-FTA は 2 階層ですが，一般的に R-FTA のツリーは多階層になります．本事例においても例えば FR-2「用紙を動かす」からの下位 FR として「ローラの回転に応じて用紙が移動する」などを定義することができますが，ここでの R-FTA の目的は CS-T 法の解析対象を決定することなので，それに必要な 2 階層目までの展開としています．

注)　FR：functional requirement，スキュー：用紙搬送方向に対する用紙の
　　傾き

図 4.13　小型折り機構への R-FTA 展開結果

図4.13 の R-FTA 展開において，FR-1，FR-2，FR-3 については既存の用紙搬送機構での要求機能であり，過去の技術蓄積が豊富にありました．一方，FR-4 と FR-5 は新規の要求機能であり，過去の技術蓄積がなかったことから，この2つの要求機能に関連する構造部分を CS-T 法の解析対象として制御因子と現象説明因子を選択しました．

R-FTA のような因果展開は頭の中でもできますが，R-FTA を活用することで技術者の思考を見える化できるという効果があります．見える化されることで知見の共有が可能となり，複数の技術者によるディスカッションから新たな現象説明因子や制御因子が考案される可能性が高まることも期待できます．

4.3　CS-T 法による技術開発プロセス

図4.14 に CS-T 法を活用した技術開発プロセスを示します．目的機能などの目的特性のロバストパラメータ設計の技術開発プロセスでは，最適化を実施した後にメカニズム分析を実施しました（図3.2）．一方，CS-T 法を活用した開発プロセスでは最適化とメカニズム分析をコンカレントに実施します．これによって，目的特性を改善するメカニズムを効率的に把握することが可能になります．そして，改善メカニズムを把握した後に新たなシステムや制御因子を考案するステップを入れることが可能となるため，図3.2 で示した技術開発プロセスよりも目標達成度評価における目標達成の可能性が高まります．

CS-T 法を活用した図4.14 の技術開発プロセスによって，ロバストパラメータ設計を活用した技術開発プロセス（図3.2）において課題であった，改善メカニズムを分析する活動における方向性が定まらない試行錯誤を大幅に削減できます．そして，技術者の創造性を性能とロバスト性の目標達成の方向に向けて効果的に引き出すことが可能となります．

なお，図4.14 において「直交表による全体最適化」，「改善効果のメカニズ

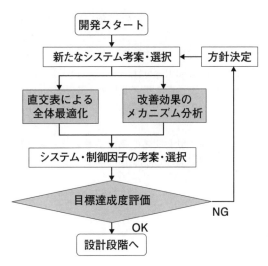

図4.14　CS-T 法を活用した技術開発プロセス

ム分析」,「目標達成度評価」の 3 つは技法を活用するステップであり,その他のステップは技法を活用しないステップになります.

第 4 章の参考文献

［1］　細川哲夫, 岡室昭男, 佐々木康夫, 多田幸司(2015):「パラメータ設計と T 法を融合した開発手法の提案」,『品質』, Vol. 45, No. 2, pp. 64-72.

［2］　田口玄一(2001):「シミュレーションによるロバスト設計　標準 SN 比」,『品質工学』, Vol. 9, No. 2, pp. 5-10.

［3］　立林和夫(2002):「コンピュータ・シミュレーションと品質工学」,『品質工学』, Vol. 10, No. 5, pp. 58-66.

［4］　稲生淳紀, 永田靖, 堀田慶介, 森有紗(2012):「タグチの T 法およびその改良手法と重回帰分析の性能比較」,『品質』, Vol. 42, No. 2, pp. 103-115.

［5］　田口玄一(2005):「目的機能と基本機能(6)　T 法による総合予測」,『品質工学』, Vol. 13, No. 3, pp. 5-10.

［6］　細川哲夫(2017):「開発活動での品質工学活用方法　創造的な技術者を目指し

て 第 6 回 新しい開発技法 CS-T 法の紹介」,『標準化と品質管理』, Vol. 70, No. 3, pp. 53-61.

[7] 細川哲夫, 岡室昭男, 佐々木康夫, 多田幸司(2018):「新しい開発技法 CS-T 法の提案」,『Ricoh Technical Report』, No. 43, pp. 73-81.

[8] 古橋朋裕, 鈴木道貴, 浅見真治, 中川友喜, 星野智道(2018):「挟持反転折りおよびスパイラル増し折り技術の開発」,『Ricoh Technical Report』, No. 43, pp. 63-72.

[9] 細川哲夫(2019):「CS-T 法による制御因子考案と基本機能探索の同時実施」, 第 27 回品質工学研究発表大会 RQES2019 予稿集, pp. 160-183.

付録 1　直交表 L_8 と L_{12} への割り付け結果

2.5 節で解説した直交表とその割り付けのデータは以下のとおりです.

表 A1.1　平均粒径を目的特性とした場合の直交表 L_8 への割り付けと結果

実験 No.	1 A	2 B	3 e_1	4 e_2	5 e_3	6 e_4	7 e_5	データ
1	1	1	1	1	1	1	1	1.90
2	1	1	1	2	2	2	2	1.90
3	1	2	2	1	1	2	2	4.50
4	1	2	2	2	2	1	1	4.50
5	2	1	2	1	2	1	2	5.50
6	2	1	2	2	1	2	1	5.50
7	2	2	1	1	2	2	1	6.70
8	2	2	1	2	1	1	2	6.70

注）第 1 列と第 2 列のみに制御因子を割り付けた. 第 3 列から第 7 列は空き列であ
り，主効果は検出されない. 第 3 列から第 7 列から検出される効果は交互作用で
ある.

表 A1.2 平均粒径を目的特性とした場合の直交表 L_{12} への割り付けと結果

実験 No.	1 A	2 B	3 e_1	4 e_2	5 e_3	6 e_4	7 e_5	8 e_6	9 e_7	10 e_8	11 e_9	データ
1	1	1	1	1	1	1	1	1	1	1	1	1.90
2	1	1	1	1	1	2	2	2	2	2	2	1.90
3	1	1	2	2	2	1	1	1	2	2	2	1.90
4	1	2	1	2	2	1	2	2	1	1	2	4.50
5	1	2	2	1	2	2	1	2	1	2	1	4.50
6	1	2	2	2	1	2	2	1	2	1	1	4.50
7	2	1	2	2	1	1	2	2	1	2	1	5.50
8	2	1	2	1	2	2	2	1	1	1	2	5.50
9	2	1	1	2	2	2	1	2	2	1	1	5.50
10	2	2	2	1	1	1	1	2	2	1	2	6.70
11	2	2	1	2	1	2	1	1	1	2	2	6.70
12	2	2	1	1	2	1	2	2	2	2	1	6.70

注) 第1列と第2列のみに制御因子を割り付けた.第3列から第11列は空き列であり,主効果は検出されない.第3列から第11列で検出される効果は交互作用である.

表 A1.3　良品率を目的特性とした場合の直交表 L_8 への割り付けと結果

実験 No.	1 A	2 B	3 e_1	4 e_2	5 e_3	6 e_4	7 e_5	データ
1	1	1	1	1	1	1	1	0.03
2	1	1	1	2	2	2	2	0.03
3	1	2	2	1	1	2	2	0.67
4	1	2	2	2	2	1	1	0.67
5	2	1	2	1	2	1	2	0.76
6	2	1	2	2	1	2	1	0.76
7	2	2	1	1	2	2	1	0.15
8	2	2	1	2	1	1	2	0.15

注)　第1列と第2列のみに制御因子を割り付けた．第3列から第7列は空き列であり，主効果は検出されない．第3列から第7列から検出される効果は交互作用である．

表 A1.4　良品率を目的特性とした場合の直交表 L_{12} への割り付けと結果

実験 No.	1 A	2 B	3 e_1	4 e_2	5 e_3	6 e_4	7 e_5	8 e_6	9 e_7	10 e_8	11 e_9	データ
1	1	1	1	1	1	1	1	1	1	1	1	0.03
2	1	1	1	1	1	2	2	2	2	2	2	0.03
3	1	1	2	2	2	1	1	1	2	2	2	0.03
4	1	2	1	2	2	1	2	2	1	1	2	0.67
5	1	2	2	1	2	2	1	2	1	2	1	0.67
6	1	2	2	2	1	2	2	1	2	1	1	0.67
7	2	1	2	2	1	1	2	2	1	2	1	0.76
8	2	1	2	1	2	2	2	1	1	1	2	0.76
9	2	1	1	2	2	2	1	2	2	1	1	0.76
10	2	2	2	1	1	1	1	2	2	1	2	0.15
11	2	2	1	2	1	2	1	1	1	2	2	0.15
12	2	2	1	1	2	1	2	1	2	2	1	0.15

注)　第 1 列と第 2 列のみに制御因子を割り付けた．第 3 列から第 11 列は空き列であり，主効果は検出されない．第 3 列から第 11 列で検出される効果は交互作用である．

表 A1.5　直交表 L_{18}

実験 No.	1	2	3	4	5	6	7	8
1	1	1	1	1	1	1	1	1
2	1	1	2	2	2	2	2	2
3	1	1	3	3	3	3	3	3
4	1	2	1	1	2	2	3	3
5	1	2	2	2	3	3	1	1
6	1	2	3	3	1	1	2	2
7	1	3	1	2	1	3	2	3
8	1	3	2	3	2	1	3	1
9	1	3	3	1	3	2	1	2
10	2	1	1	3	3	2	2	1
11	2	1	2	1	1	3	3	2
12	2	1	3	2	2	1	1	3
13	2	2	1	2	3	1	3	2
14	2	2	2	3	1	2	1	3
15	2	2	3	1	2	3	2	1
16	2	3	1	3	2	3	1	2
17	2	3	2	1	3	1	2	3
18	2	3	3	2	1	2	3	1

付録 2　パラメータ設計の概要

　ノイズ因子の影響による計測特性 y の変化量を最小化し，ロバスト性を改善するために行う直交表実験がパラメータ設計です．傾向を把握することが目的であれば L_8 や L_{12} のような 2 水準系の直交表が使えますが，最適条件を把握することを目的としたパラメータ設計では原則として非線形な傾向も把握できる 3 水準系の直交表を利用します．

　例として，**図 3.3** の回路の 5 つの部品すべてを制御因子として取り上げて，直交表 L_{18} に割り付けた結果を**表 A2.1** に示します．第 1 列から第 3 列は制御因子を割り付けない空列です．パラメータ設計の目的はロバスト性の改善なので，直交表の各行(実験 No.1〜18)にノイズ因子を導入します．このとき，制御因子を割り付ける表 A2.1 の直交表 L_{18} を「内側」，ノイズ因子を配置する部分を「外側」と呼びます．表 A2.1 でのノイズ因子 N は温度であり，その水準は $N_1 : 0℃$，$N_2 : 60℃$ です．この 2 つの条件での計測特性(電圧)の値から平均値 $\bar{y}_i = V_i\,(i = 1, \cdots, 18)$ とばらつきの指標である SN 比の値 $\eta_i\,(i = 1, \cdots, 18)$ を計算します．

　望目特性の SN 比

$$\eta_i = 10 \log \left(\frac{2 \times \bar{y}_i{}^2}{\left(y_{i1} - \bar{y}_i\right)^2 + \left(y_{i2} - \bar{y}_i\right)^2} \right) \quad (\mathrm{db}) \tag{A2.1}$$

　式(A2.1)の括弧内の分母 $\left(y_{i1} - \bar{y}_i\right)^2 + \left(y_{i2} - \bar{y}_i\right)^2$ が計測特性の変化量です．一般的にはこの変化量をばらつきと呼びます．この式の第 1 項が N_1 水準での変化量であり，第 2 項が N_2 水準での変化量です．両者を足した値がトータルの変化量です．ここで，各変化量を 2 乗せずに単純に足すと $\left(y_{i1} - \bar{y}_i\right) + \left(y_{i2} - \bar{y}_i\right) = 0$ となってしまいます．2 乗の値を合計することに

表A2.1　図3.3の回路を対象としたパラメータ設計の実験計画

実験No.	1 e_1	2 e_2	3 e_3	4 $A:R_1(\Omega)$	5 $B:R_2(\Omega)$	6 $C:R_3(\Omega)$	7 $D:E_1(V)$	8 $E:E_2(V)$	N_1	N_2	平均電圧	SN比
1	e_{11}	e_{21}	e_{31}	150	40	160	3	15	$y_{1.1}$	$y_{1.2}$	V_1	η_1
2	e_{11}	e_{21}	e_{32}	250	70	210	5	20	$y_{2.1}$	$y_{2.2}$	V_2	η_2
3	e_{11}	e_{21}	e_{33}	350	100	260	7	25	$y_{3.1}$	$y_{3.2}$	V_3	η_3
4	e_{11}	e_{22}	e_{31}	150	70	210	7	25	$y_{4.1}$	$y_{4.2}$	V_4	η_4
5	e_{11}	e_{22}	e_{32}	250	100	260	3	15	$y_{5.1}$	$y_{5.2}$	V_5	η_5
6	e_{11}	e_{22}	e_{33}	350	40	160	5	20	$y_{6.1}$	$y_{6.2}$	V_6	η_6
7	e_{11}	e_{23}	e_{31}	250	40	260	5	25	$y_{7.1}$	$y_{7.2}$	V_7	η_7
8	e_{11}	e_{23}	e_{32}	350	70	160	7	15	$y_{8.1}$	$y_{8.2}$	V_8	η_8
9	e_{11}	e_{23}	e_{33}	150	100	210	3	20	$y_{9.1}$	$y_{9.2}$	V_9	η_9
10	e_{12}	e_{21}	e_{31}	350	100	210	5	15	$y_{10.1}$	$y_{10.2}$	V_{10}	η_{10}
11	e_{12}	e_{21}	e_{32}	150	40	260	7	20	$y_{11.1}$	$y_{11.2}$	V_{11}	η_{11}
12	e_{12}	e_{21}	e_{33}	250	70	160	3	25	$y_{12.1}$	$y_{12.2}$	V_{12}	η_{12}
13	e_{12}	e_{22}	e_{31}	250	100	160	7	20	$y_{13.1}$	$y_{13.2}$	V_{13}	η_{13}
14	e_{12}	e_{22}	e_{32}	350	40	210	3	25	$y_{14.1}$	$y_{14.2}$	V_{14}	η_{14}
15	e_{12}	e_{22}	e_{33}	150	70	260	5	15	$y_{15.1}$	$y_{15.2}$	V_{15}	η_{15}
16	e_{12}	e_{23}	e_{31}	350	100	260	3	20	$y_{16.1}$	$y_{16.2}$	V_{16}	η_{16}
17	e_{12}	e_{23}	e_{32}	150	100	160	5	25	$y_{17.1}$	$y_{17.2}$	V_{17}	η_{17}
18	e_{12}	e_{23}	e_{33}	250	40	210	7	15	$y_{18.1}$	$y_{18.2}$	V_{18}	η_{18}

よって，変化量やばらつきの大きさを定量的に評価することが可能となります．**表3.2**のAさんとBさんのSN比は以下となります．変化量が半分で約6 (db)の改善になります．

$$\text{A さん} \quad \eta_A = 10 \log\left(\frac{2 \times 1.5^2}{(1.3 - 1.5)^2 + (1.7 - 1.5)^2}\right) = 17.50 \quad (\text{db})$$
$$(A2.2)$$

$$\text{B さん} \quad \eta_B = 10 \log\left(\frac{2 \times 1.5^2}{(1.4 - 1.5)^2 + (1.6 - 1.5)^2}\right) = 23.52 \quad (\text{db})$$
$$(A2.3)$$

次に式(A2.1)の分母の意味を説明します．計測特性 y が騒音や振動のような悪さの場合は，式(A2.1)の分母だけを取り上げた式(A2.4)や式(A2.5)のSN比を使いますが，計測特性 y が欲しい計測特性の場合は式(A2.1)のように分子を計測特性の平均値の2乗の和とします．その意味は，ラジオの音声出力のように，ほしい計測特性の値が大きくなると，それに比例してノイズの大きさも大きくなる現象が自然だからです．ラジオの場合，ボリュームを2倍にするとノイズも2倍になります．このような現象において，変化量だけを取り上げてしまうと出力である計測特性 y の値が小さくなればなるほど変化が小さくなり，SN比が大きく計算されてしまいます．それを避けるために式(A2.1)のSN比を使います．

式(A2.1)のSN比を望目特性のSN比と呼び，式(A2.4)をゼロ望目特性のSN比，式(A2.5)を望小特性のSN比と呼びます．騒音や振動のように正の値をとる場合は望小特性のSN比を使い，反り量の変化のようにプラスとマイナスの値をとり，計測特性 y の値そのものには技術的な意味がない場合にゼロ望目特性のSN比を使います．

SN比の計算の詳細は**付録3**を参照してください．

ゼロ望目特性の SN 比

$$\eta_i = 10 \log \left(\frac{1}{\left(y_{i1} - \overline{y}_i \right)^2 + \left(y_{i2} - \overline{y}_i \right)^2} \right) \ \ \text{(db)} \tag{A2.4}$$

望小特性の SN 比

$$\eta_i = 10 \log \left(\frac{1}{y_{i1}^2 + y_{i2}^2} \right) \ \ \text{(db)} \tag{A2.5}$$

　各実験の計測特性の平均値と SN 比を計算した後は，**2. 4 節**で説明した方法
で要因効果図を描きます．**表 A2.1** の場合，例えば制御因子 A の第 1 水準の
SN 比の水準平均値は以下のように算出します．

$$\overline{\eta}_{A1} = \frac{\eta_1 + \eta_4 + \eta_9 + \eta_{11} + \eta_{15} + \eta_{17}}{6} \tag{A2.6}$$

　5 つの制御因子と 3 つの空列の水準平均値をすべて計算し，その値をプロッ
トした要因効果図が**図 A2.1** と**図 A2.2** です．**図 A2.1** より SN 比の最適条件
は $A_3 B_3 C_1 D_1 E_3$ であることがわかりますが，この条件では平均電圧が目標値の
1.5(V) よりも高くなってしまうことが予想されます．よって，SN 比の変化が
比較的少なく，平均電圧を変化させることができる制御因子 B を使って
チューニングすることで，できるだけ SN 比を高く維持しながら目標の 1.5
(V) に合わせ込める可能性が見えてきます．これが主に製品設計段階で実施す
る 2 段階設計です．
　パラメータ設計では直交表実験の後に交互作用の影響を定量的に評価する確
認実験を実施します．確認実験の結果は**表 A2.2** のとおりです．この例では初
期条件を $A_1 B_2 C_2 D_2 E_1$，最適条件を SN 比の最良条件 $A_3 B_3 C_1 D_1 E_3$ としていま
す．例えば SN 比の最良条件の推定値は以下のように計算します．

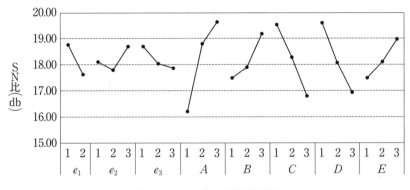

図 A2. 1　SN 比の要因効果図

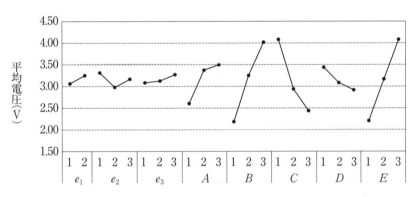

図 A2. 2　平均電圧の要因効果図

$$\widehat{\eta}_{\mathrm{Best}} = \overline{\eta} + (\overline{\eta}_{A3} - \overline{\eta}) + (\overline{\eta}_{B3} - \overline{\eta}) + (\overline{\eta}_{C1} - \overline{\eta}) + (\overline{\eta}_{D1} - \overline{\eta})$$
$$+ (\overline{\eta}_{E3} - \overline{\eta}) \tag{A2.7}$$

　表 A2. 2 の確認実験の結果は実際にこの 2 つの条件で実験を実施して得た値です．ここで，最適条件と初期条件の差である利得に注目します．推定値と確認実験の結果で両者の差がゼロであることが理想ですが，どのような実験でも交互作用の影響が必ずあるので，両者の利得は一致しません．経験的に SN 比の利得差が 3 (db) 以内であれば要因効果図の傾向は信用できるといわれ，**表**

表 A2.2　確認実験の結果

	SN 比 (db)		平均電圧	
	推定値	確認実験の結果	推定値	確認実験の結果
初期条件	15.16	14.82	1.46	1.49
SN 比最良条件	24.12	21.37	6.49	7.73
利得	8.96	6.55	5.03	6.24

A2.2 では利得差が 2.41 (db) なので要因効果図の傾向は信頼できると判断できます.

付録 3　SN 比の計算方法

付録 3.1　ノイズ因子の寄与を分解しない場合の SN 比

(1)　望目特性の SN 比

　望目特性の SN 比を計算するイメージは図 A3.1 のとおりです．SN 比は「2乗和の分解」で計算することができます．2乗和の分解の第 1 ステップはすべての計測特性の値 $y_i(i = 1, \cdots, n)$ の 2 乗和を計算します．これを「全変動」と呼び，S_T と表します．ここで，各計測特性の値 y_i は，平均値 $\bar{y}$ と，計測特性 y_i と平均値 $\bar{y}$ との差 $e_i = (y_i - \bar{y})$ の 2 つの成分に分解でき，式（A3.1）のように 2 つの項に表すことができます．ここで，e_i を「偏差」と呼びます．

$$y_i = \bar{y} + (y_i - \bar{y}) \tag{A3.1}$$

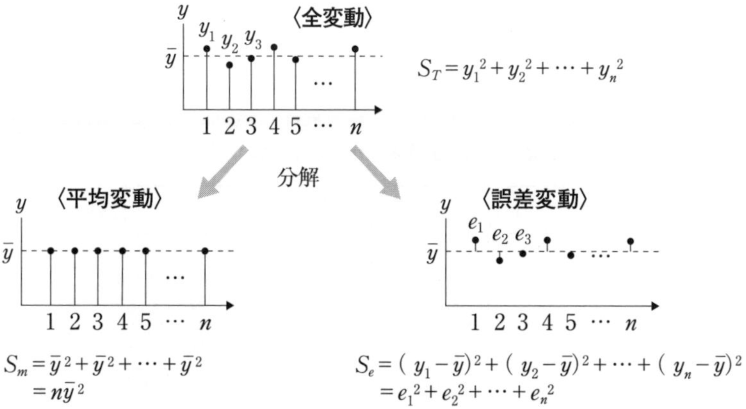

図 A3.1　望目特性の SN 比の計算イメージ

　次に式(A3.1)の両辺をすべての計測特性の値について2乗して合計(2乗和)すると，

$$\sum_{i=1}^{n} y_i^2 = \sum_{i=1}^{n} \bar{y}^2 + 2\sum_{i=1}^{n} \bar{y}(y_i - \bar{y}) + \sum_{i=1}^{n} (y_i - \bar{y})^2 \tag{A3.2}$$

となります．ここで，式(A3.2)の左辺は全変動 S_T です．このように，全変動 S_T は式(A3.2)の右辺の3つの項に分解できます．ここで，式(A3.1)の右辺の2つの項の積和はゼロになる(直交している)ので，式(A3.2)の右辺第2項は必ずゼロとなります．よって，全変動 S_T は式(A3.3)のように表せます．

$$\sum_{i=1}^{n} y_i^2 = \sum_{i=1}^{n} \bar{y}^2 + \sum_{i=1}^{n} (y_i - \bar{y})^2 \tag{A3.3}$$

　式(A3.3)の右辺の第1項を「平均変動」と呼び，S_m と表します．また，右辺の第2項を「誤差変動」と呼び，S_e と表します．このとき，計測特性 y_i が"欲しいもの"であれば，その平均値の2乗和 S_m を「有効成分」，誤差変動 S_e を「有害成分」と考えることができます．その比の対数をとった式(A3.4)が望目特性のSN比の基本です．SN比の値を η と表します．

$$\eta = 10 \log \left(\frac{S_m}{S_e} \right) \tag{A3.4}$$

　以上の2乗和の分解の計算の簡単な例を表A3.1に示します．
　計測特性の値が $y_1 = 2, y_2 = 3, y_3 = 4$ とすると全変動 $S_T = 29$，平均変動

表 A3.1　2乗和の分解の簡単な例

実験 No.	y_i	$\bar{y}$	$y_i - \bar{y}$
1	2	3	-1
2	3	3	0
3	4	3	1
Σy_i	9	9	0
Σy_i^2	29	27	2

$S_m = 27$, 誤差変動 $S_e = 2$ となります. また, 式(A3.1)の右辺の 2 つの項の積和(内積)は, $3 \cdot (-1) + 3 \cdot 0 + 3 \cdot 1 = 0$ となります. つまり直交しています. また, 式(A3.1)の右辺の第 2 項を足すとゼロとなってしまい, ばらつきの評価ができないことがわかります. 参考までに平均変動 S_m と誤差変動 S_e を算出する式を以下に示します.

$$S_m = \frac{(\text{計測特性の合計})^2}{\text{データ数}} = \frac{\left(\sum\limits_{i=1}^{n} y_i\right)^2}{n} \tag{A3.5}$$

$$S_e = S_T - S_m \tag{A3.6}$$

ところで, 誤差変動 S_e は, ばらつきの大きさを評価する指標の一つですが, データ数が多くなると大きくなるためデータ数をそろえる必要があります. そこで通常は, 誤差変動を自由度で割った分散 $V_e = S_e/(n-1)$, あるいはその平方根をとった標準偏差 $\sigma_e = \sqrt{V_e}$ を使います. 式(A3.4)の SN 比は平均変動 S_m と誤差変動 S_e の比をとっているのでデータ数をそろえる必要がなくなります.

(2)　動特性の SN 比

次に動特性の SN 比を計算するイメージは**図 A3.2**のとおりであり, 望目特性での平均値 $\overline{y}$ のラインが, 動特性では原点を通る回帰直線 $\hat{y} = \beta M$ となります. 2 乗和の分解の計算方法は望目特性の SN 比と同様です. 動特性における各計測特性の値 y_i は, 式(A3.7)のように, 回帰直線 $\hat{y} = \beta M$ 上の値と, 計測特性の値と回帰直線上の値の偏差 $e_i = y_i - \hat{y} = y_i - \beta M_i$ の 2 つの項から構成されます.

$$y_i = \beta M_i + (y_i - \beta M_i) \tag{A3.7}$$

ここで, 計測特性 y と入力の信号因子 M の添え字は $i = 1, \cdots, n$ です. 回帰直線の係数は以下の公式から計算されます.

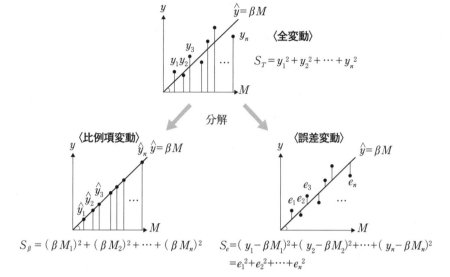

図 A3.2 動特性の SN 比の計算イメージ

$$\beta = \frac{L}{r} \tag{A3.8}$$

$$r = \sum_{i=1}^{n} M_i^2 \tag{A3.9}$$

$$L = \sum_{i=1}^{n} y_i M_i \tag{A3.10}$$

ここで，r を「有効序数」，L を「線形式」と呼びます．回帰直線の係数 β を使った式 (A3.7) の右辺の 2 つの項は直交するので，その 2 乗和は望目特性の場合と同様に式 (A3.11) のように分解できます．この右辺の第 1 項を「比例項の変動」と呼び，S_β と表します．また，右辺の第 2 項が誤差変動 S_e となります．動特性の SN 比は，S_β を有効成分，S_e を有害成分として，式 (A3.12) で定義されます．

$$\sum_{i=1}^{n} y_i^2 = \sum_{i=1}^{n} (\beta M_i)^2 + \sum_{i=1}^{n} (y_i - \beta M_i)^2 \tag{A3.11}$$

$$\eta = 10 \log \left(\frac{S_\beta}{S_e} \right) \tag{A3.12}$$

参考までに比例項の変動と誤差変動の値を算出する式を以下に示します．こ こで，全変動は望目特性と同様に $S_T = \sum_{i=1}^{n} y_i^2$ です．

$$S_\beta = \frac{L^2}{r} \tag{A3.13}$$

$$S_e = S_T - S_\beta \tag{A3.14}$$

(3)　標準 SN 比の計算

ここまで動特性の SN 比は図 **A3.2** に示した原点を通る一次式を理想とする 場合に利用するものとして話を進めてきましたが，**図 A3.3** のような過渡応答 の立ち上がり領域などの非線形な波形であっても，簡単なデータ変換によって， ここまで説明してきた動特性の SN 比を使うことができます．

　図 **A3.3** の波形データは，計測特性を $y_{ij}\,(i = 1, \cdots, n,\ j = 1, \cdots, k)$ として，

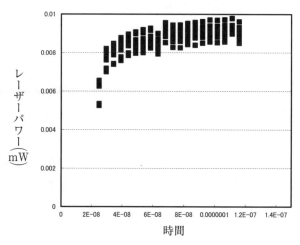

図 A3.3　レーザーパワーの過渡応答（VCSEL 開発より）

表 A3.2　非線形データの入力信号変換

実験 No.	t_1	t_2	$\cdots$	t_n
1	y_{11}	y_{21}	$\cdots$	y_{n1}
2	y_{12}	y_{22}	$\cdots$	y_{n2}
$\vdots$	$\vdots$	$\vdots$	$\vdots$	$\vdots$
k	y_{1k}	y_{2n}	$\cdots$	y_{nk}
	M_1	M_2	$\cdots$	M_n

表 A3.3　データの並べ替え

	M_1			$\cdots$	M_n		
実験 No.	1	$\cdots$	k	$\cdots$	1	$\cdots$	k
y_{ij}	y_{11}	$\cdots$	y_{1k}	$\cdots$	y_{k1}	$\cdots$	y_{nk}

表 A3.2 のように整理することができます．ここで，表 A3.2 の t_i は図 A3.3 のような過渡応答波形の横軸の時間の値であり，各時間の水準で k 個の計測特性を得たとします．また，表 A3.2 の M_i は各時間 t_i での計測特性の値の平均値 $M_i = \sum_{j=1}^{k} y_{ij}/k$ です．この M_i を計算上の入力信号の値にすると，すべての非線形な波形や入出力関係を図 A3.2 のような原点を通る一次式に変換することができます．M_i を入力とすることによって，図 A3.2 の係数は $\beta \cong 1$ となります．この変換を実施した後に式(A3.7)～(A3.12)あるいは式(A3.13)，式(A3.14)を使って計算する SN 比を「標準 SN 比」と呼びます．ここで，表 A3.2 を表 A3.3 のように並べ替えれば，1 つの入力信号が 1 つの出力(計測特性)に対応するので，図 A3.2 と同様な扱いが可能となります．

付録 3.2　ノイズ因子の寄与を分解したい場合の SN 比

(1)　望目特性の SN 比

　付録 3.1 ではランダムなばらつきを想定したときの SN 比の計算方法を示しましたが，この計算方法は複数のノイズ因子がある場合でも汎用的に使えます．

　例えば，表 A3.4 のように 2 つのノイズ因子 N, O がある場合においても，各計測特性の値 y_{ij} を表 A3.5 のように並べて考えれば**付録 3.1** で示した計算手順をそのまま使えます．ここで，ノイズ因子 N は劣化条件，O は環境温度です．

　通常は表 A3.5 のように複数のノイズ因子を一つのノイズ因子とみなして SN 比を計算しますが，各ノイズ因子の寄与を分解したい場合もあります．その場合の SN 比の計算方法を以下に示します．ところで，表 A3.4 は第 2 章の表 2.2 の制御因子 A, B をノイズ因子 N, O に換えた表です．よって，**第 2 章**

表 A3.4　ノイズ因子が 2 つある場合の望目特性評価のデータ

i ＼ j	O_1	O_2	$\cdots$	O_n	
N_1	y_{11}	y_{12}	$\cdots$	y_{1n}	Y_{N1}
N_2	y_{21}	y_{22}	$\cdots$	y_{2n}	Y_{N2}
$\vdots$	$\vdots$	$\vdots$		$\vdots$	$\vdots$
N_k	y_{k1}	y_{k2}	$\cdots$	y_{kn}	Y_{Nk}
	Y_{O1}	Y_{O2}	$\cdots$	Y_{On}	Y

表 A3.5　データの並べ替え

実験 No.	1	2	$\cdots$	n	$n+1$	$\cdots$	kn
y_{ij}	y_{11}	y_{12}	$\cdots$	y_{1n}	y_{21}	$\cdots$	y_{kn}

の式 (2.3)〜(2.15) は表 **A3.4** にもそのまま適用できます．式 (2.15) を表 **A3.4** に従って書き換えると式 (A3.15) となります．

$$y_{ij} = \bar{y} + (\bar{y}_{Ni} - \bar{y}) + (\bar{y}_{Oj} - \bar{y}) + (y_{ij} - \hat{y}_{ij}) \tag{A3.15}$$

ここで，式 (A3.15) の右辺の 4 つの項から 2 つの項を取り上げたとき，どの 2 つの項も互いに直交します．よって，式 (A3.1) から式 (A3.3) の流れと同様に式 (A3.15) を全計測特性の値について 2 乗和すると，

$$\sum_{i=1}^{k} \sum_{j=1}^{n} y_{ij}^2 = \sum_{i=1}^{k} \sum_{j=1}^{n} \bar{y}^2 + \sum_{i=1}^{k} \sum_{j=1}^{n} (\bar{y}_{Ni} - \bar{y})^2 + \sum_{i=1}^{k} \sum_{j=1}^{n} (\bar{y}_{Oj} - \bar{y})^2$$
$$+ \sum_{i=1}^{k} \sum_{j=1}^{n} (y_{ij} - \hat{y}_{ij})^2 \tag{A3.16}$$

となります．式 (A3.16) を変動の記号を用いて書き直すと，

$$S_T = S_m + S_N + S_O + S_{N \times O} \tag{A3.17}$$

となります．式 (A3.17) の左辺が全変動，右辺第 1 項が平均変動，第 2 項がノイズ因子 N の変動，第 3 項がノイズ因子 O の変動，第 4 項が N と O の交互作用の変動です．実物実験の場合，第 4 項には個体差や計測誤差のような「実験誤差」が入ります．

　第 2 章 2.2 節で説明したように，制御因子の水準を変更する場合は式 (A3.15) の右辺第 4 項は交互作用が支配的ですが，ノイズ因子の水準を変更する場合は交互作用だけでなく，ランダムな実験誤差の寄与が無視できないケースもあります．原因の一つは，取り上げたノイズ因子の寄与が不十分であるためにその寄与が外乱である実験誤差に埋もれてしまうケースです．この場合はノイズ因子を見直す必要があるかもしれません．もう一つは改善が十分に進んで，ノイズ因子に対する計測特性 y_{ij} の変化量が相対的に小さくなった場合です．その場合はノイズ因子を見直す必要はない場合が多くなります．ただし，いずれにしても，CAE や計算実験では式 (A3.15)〜(A3.17) の右辺第 4 項は交互作用の寄与となります．

　式(A3.17)の平均変動 S_m を有効成分，2 つのノイズ因子および交互作用の変動 $S_N, S_O, S_{N\times O}$ を有害成分としたときの SN 比は，

$$\eta_T = 10 \log \left(\frac{S_m}{S_N + S_O + S_{N\times O}} \right) \tag{A3.18}$$

となります．ここで，添え字の T は Total という意味です．このように平均変動 S_m 以外の変動をすべて有害成分とする場合は，式(A3.16)のような 2 乗和の分解をする必要はなく，**表 A3.5** のように考えて，式(A3.1)～式(A3.6)で示した手順で SN 比を計算できます．

　式(A3.17)のような分解が必要な場面は分解した変動の一部をノイズ因子ではなく「標示因子」として扱う場合です．例えば，ノイズ因子 N が劣化，ノイズ因子 O が環境温度のような場合に，環境温度の変化に対する計測特性 y の値の変動は，制御で一定の値にできるケースです．この場合，N を有害成分のノイズ因子，O を無効成分の標示因子として以下のように SN 比を定義することもできます．

$$\eta_N = 10 \log \left(\frac{S_m}{S_N + S_{N\times O}} \right) \tag{A3.19}$$

　ここまではデータ構造式から 2 乗和の分解をして SN 比を計算する方法を説明しましたが，式(A3.17)の各変動は以下の式で算出できます．

$$S_T = \sum_{i=1}^{k} \sum_{j=1}^{n} y_{ij}^2 = y_{11}^2 + y_{12}^2 + \cdots + y_{kn}^2 \tag{A3.20}$$

$$S_m = \frac{\left(\sum_{i=1}^{k} \sum_{j=1}^{n} y_{ij} \right)^2}{kn} = \frac{(y_{11} + y_{12} + \cdots + y_{kn})^2}{kn} \tag{A3.21}$$

$$S_N = \sum_{i=1}^{k} \frac{Y_{Ni}^2}{n} - S_m = \frac{Y_{N1}^2}{n} + \frac{Y_{N2}^2}{n} + \cdots + \frac{Y_{Nk}^2}{n} - S_m \tag{A3.22}$$

$$S_O = \sum_{j=1}^{n} \frac{Y_{Oj}^2}{k} - S_m = \frac{Y_{O1}^2}{k} + \frac{Y_{O2}^2}{k} + \cdots + \frac{Y_{On}^2}{k} - S_m \qquad \text{(A3.23)}$$

$$S_{N \times O} = S_T - S_m - S_N - S_O \qquad \text{(A3.24)}$$

(2) 動特性の SN 比

ノイズ因子が複数ある場合の動特性における 2 乗和の分解と SN 比について説明します．ここでは簡単のためノイズ因子の数は 2 つとします．**表 A3.6** に評価計画，**図 A3.4** に測定結果のイメージを示します．**表 A3.6** において，ノイズ因子 N の水準を添え字 $g = 1, 2$，ノイズ因子 O の水準を添え字 $h = 1, 2$ で示しています．また，L と β の添え字は $l = 1, \cdots, 4$ としています．このとき，4 つの線形式の値と係数の値は式 (A3.25) と式 (A3.26) から算出されます．式 (A3.26) で算出された係数を使った $\hat{y}_{1i} = \beta_1 M_i, \cdots, \hat{y}_{4i} = \beta_4 M_i \, (i = 1, \cdots, n)$ のラインのイメージを**図 A3.4** に示します．

$$r = \sum_{i=1}^{n} M_i^2 \qquad \text{(A3.25)}$$

$$\left. \begin{aligned} L_1 &= \sum_{i=1}^{n} M_i y_{11i} \quad \beta_1 = \frac{L_1}{r} \\ &\vdots \\ L_4 &= \sum_{i=1}^{n} M_i y_{22i} \quad \beta_4 = \frac{L_4}{r} \end{aligned} \right\} \qquad \text{(A3.26)}$$

表 A3.6 ノイズ因子が 2 つの場合の動特性評価のデータ

N_g	O_h	M_1	M_2	$\cdots$	M_n	L_l	β_l
N_1	O_1	y_{111}	y_{112}	$\cdots$	y_{11n}	L_1	β_1
	O_2	y_{121}	y_{122}	$\cdots$	y_{12n}	L_2	β_2
N_2	O_1	y_{211}	y_{212}	$\cdots$	y_{21n}	L_3	β_3
	O_2	y_{221}	y_{222}	$\cdots$	y_{22n}	L_4	β_4

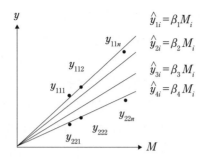

$$\hat{y}_{1i} = \beta_1 M_i$$
$$\hat{y}_{2i} = \beta_2 M_i$$
$$\hat{y}_{3i} = \beta_3 M_i$$
$$\hat{y}_{4i} = \beta_4 M_i$$

図 A3.4　2 水準のノイズ因子が 2 つの場合の動特性のイメージ

また，すべての計測特性の値 y_{111}, …, y_{22n} を使った理想出力の係数 β は，

$$\beta = \frac{L_1 + L_2 + L_3 + L_4}{4r} \tag{A3.27}$$

によって算出され，各ノイズ因子の水準ごとの係数は以下の式で算出されます．

$$\left.\begin{aligned} \beta_{N1} &= \frac{L_1 + L_2}{2r} \\ \beta_{N2} &= \frac{L_3 + L_4}{2r} \\ \beta_{O1} &= \frac{L_1 + L_3}{2r} \\ \beta_{O2} &= \frac{L_2 + L_4}{2r} \end{aligned}\right\} \tag{A3.28}$$

　以上の 9 つの係数を利用して各計測特性の値の構造を示したのが以下の式です．

$$y_{ghi} = \beta M_i + (\beta_{Ng} M_i - \beta M_i) + (\beta_{Oh} M_i - \beta M_i) + \left(y_{ghi} - \hat{y}_{ghi}\right) \tag{A3.29}$$

　式 (A3.29) と式 (A3.15) を比較すると，両式は同様の構造をもっていること

がわかります. **図 A3.1** の望目特性における全データの平均値 $\overline{y}$ が**図 A3.2** の $\hat{y} = \beta M$ のラインに対応し, それが式(A3.29)の右辺第 1 項です. この右辺第 1 項が有効成分となり, 右辺第 2 項がノイズ因子 N の効果, 右辺第 3 項のノイズ因子 O は, 例えば, これが環境温度の場合は, ノイズ因子あるいは標示因子による効果となります. そして右辺第 4 項には式(A3.15)と同様に交互作用の影響が入りますが, 動特性の場合はこの項をさらに以下の 2 つの項に分解することができます.

$$y_{ghi} - \hat{y}_{ghi} = \left(\beta_l M_i - \hat{y}_{ghi}\right) + (y_{ghi} - \beta_l M_i) \tag{A3.30}$$

ここで, 各データの推定値 $\hat{y}_{ghi}$ は以下の式で算出されます.

$$\hat{y}_{ghi} = \beta M_i + (\beta_{Ng} M_i - \beta M_i) + (\beta_{Oh} M_i - \beta M_i) \tag{A3.31}$$

この式(A3.31)は式(2.13)と同様の構造をもっていることがわかります. 右辺第 1 項の全データから算出した係数 β による出力と第 2 項以降の各ノイズ因子の主効果によって計測特性の値 y_{ghi} を推定するのが式(A3.31)です.

次に式(A3.30)の右辺の 2 つの項について説明します. 式(A3.30)の右辺第 1 項 $\left(\beta_l M_i - \hat{y}_{ghi}\right)$ は, **図 A3.4** の 4 本のラインと式(A3.31)による推定値との差であり, これがノイズ因子間の交互作用の大きさになります. 望目特性の SN 比との対応を考えると, **図 A3.4** の 4 本のラインが**図 2.3** の実線(計測特性の値)に対応し, **図 2.3** の点線が式(A3.31)による, $\hat{y}_{11i}$, $\hat{y}_{12i}$, $\hat{y}_{21i}$, $\hat{y}_{22i}$ のラインに対応します. 例えば $\hat{y}_{1i} = \beta_l M_i$ の値を推定するノイズ因子条件 $N_1 O_1$ のラインは式(A3.31)から以下になります.

$$\begin{aligned}
\hat{y}_{11i} &= \beta M_i + (\beta_{N1} M_i - \beta M_i) + (\beta_{O1} M_i - \beta M_i) \\
&= \{\beta + (\beta_{N1} - \beta) + (\beta_{O1} - \beta)\} M_i \tag{A3.32}
\end{aligned}$$

ここで, ノイズ因子間の交互作用がなければ,

$$\beta_1 = \beta + (\beta_{N1} - \beta) + (\beta_{O1} - \beta), \cdots, \beta_4 = \beta + (\beta_{N2} - \beta) + (\beta_{O2} - \beta)$$

$$(A3.33)$$

となり，式(A3.30)の右辺第 1 項はゼロとなります．式(A3.30)の右辺の第 2 項には個体差や計測ばらつきなどの実験誤差と非線形や原点からのずれの寄与が入ります．

シミュレーションや計算実験では実験誤差が発生しないので，式(A3.30)の右辺の第 2 項は非線形と原点ずれの寄与のみとなります．特に入出力関係がエネルギー変換の場合，この非線形と原点ずれが技術的に重要な意味をもちます．

例えば，レーザーの場合，入力 M を電力，出力 y をレーザーパワーとする動特性によってロバスト性を評価しますが，一般的にある一定値以上の電力を投入しなければレーザーが発光しません．レーザー光出力が立ち上がる電流値を閾値電流と呼びます．通常は閾値電流が低いほうが好ましいので，式(A3.30)の右辺第 2 項は重要な評価項目となります．また，入力電力を大きくしていくと出力のレーザー光のパワーは飽和します．この飽和現象も非線形として式(A3.30)の右辺第 2 項に寄与します．これら閾値電流までに投入された電力エネルギーや飽和現象によって光パワーに変換されなかった電力エネルギーは熱エネルギーとなってレーザーの劣化を加速させるなどの悪さの原因となります．

以上をまとめると個々の計測特性の値の構造は以下となります．

$$y_{ghi} = \beta M_i + (\beta_{Ng} M_i - \beta M_i) + (\beta_{Oh} M_i - \beta M_i)$$
$$+ (\beta_l M_i - \hat{y}_{ghi}) + (y_{ghi} - \beta_l M_i) \qquad (A3.34)$$

式(A3.34)右辺のすべての 2 つの項の組合せの積和はゼロになる(直交している)ので，式(A3.34)の両辺を**表 A3.6** の $4n$ 個のすべての計測特性の値について 2 乗和すると，**表 A3.1** と同様に，式(A3.34)の左辺の 2 乗和は，右辺各項の 2 乗和の合計となります．

つまり，以下のように 2 乗和の分解が可能となります．ここで式(A3.35)中

の $\sum\sum\sum$ は $\sum_{g=1}^{2}\sum_{h=1}^{2}\sum_{i=1}^{n}$ を簡略化して表記したものです．ここで，N_1O_1 のとき $l=1$，N_1O_2 のとき $l=2$，N_2O_1 のとき $l=3$，N_2O_2 のとき $l=4$ です．

$$\sum\sum\sum y_{ghi}^2 = \sum\sum\sum(\beta M_i)^2 + \sum\sum\sum(\beta_{Ng}M_i - \beta M_i)^2 + \sum\sum\sum(\beta_{Oh}M_i - \beta M_i)^2$$
$$+ \sum\sum\sum(\beta_l M_i - \hat{y}_{ghi})^2 + \sum\sum\sum(y_{ghi} - \beta_l M_i)^2 \quad (A3.35)$$

式(A2.35)を変動の記号を使って表記すると以下となります．

$$S_T = S_\beta + S_{\beta\times N} + S_{\beta\times O} + S_{\beta\times N\times O} + S_e \quad (A3.36)$$

式(A3.36)の左辺が全変動であり，右辺の第 1 項が比例項の変動，第 2 項がノイズ因子 N による比例項の差の変動，第 3 項がノイズ因子 O による比例項の差の変動，第 4 項がノイズ因子 N とノイズ因子 O の交互作用の変動，第 5 項が誤差変動となります．ここで，右辺第 4 項の $S_{\beta\times N\times O}$ は，例えばノイズ因子 O の水準が変わると，ノイズ因子 N による係数 β の変化量 $S_{\beta\times N}$ が変わる量になります．その場合は，$S_{\beta\times N\times O}$ を $S_{(\beta\times N)\times O}$ と表記するとイメージしやすくなります．

以下に式(A3.36)右辺の各変動の値を算出する公式を示します．

$$S_\beta = \frac{(L_1 + L_2 + L_3 + L_4)^2}{4r} \quad (A3.37)$$

$$S_{\beta\times N} = \frac{(L_1 + L_2)^2}{2r} + \frac{(L_3 + L_4)^2}{2r} - S_\beta \quad (A3.38)$$

$$S_{\beta\times O} = \frac{(L_1 + L_3)^2}{2r} + \frac{(L_2 + L_4)^2}{2r} - S_\beta \quad (A3.39)$$

$$S_{\beta\times N\times O} = S_{\beta\times NO} - S_{\beta\times N} - S_{\beta\times O} \quad (A3.40)$$

ここで $S_{\beta\times NO}$ はノイズ因子 N と O を合わせて 4 水準のノイズ因子 $NO_1, \cdots, NO_4$ を定義したときの以下の比例項の差の変動です．

$$S_{\beta \times NO} = \frac{L_1^2}{r} + \frac{L_2^2}{r} + \frac{L_3^2}{r} + \frac{L_4^2}{r} - S_\beta \tag{A3.41}$$

$$S_e = S_T - S_\beta - S_{\beta \times N} - S_{\beta \times O} - S_{\beta \times N \times O} \tag{A3.42}$$

　ここまで，ノイズ因子が 2 つの場合の動特性における 2 乗和の分解の計算方法を説明しましたが，式 (A3.36) の右辺第 2 項以降の項のすべてを有害成分とする場合は，**付録 3.1** で説明した方法で SN 比を計算できます．2 乗和の分解によって，各ノイズ因子の変動を算出する狙いは，前述したように一部のノイズ因子を有害成分ではなく標示因子として扱う場合です．例えば，ノイズ因子 N が劣化，ノイズ因子 O が制御可能な環境温度のような場合です．その場合に以下のような SN 比を定義することができます．

$$\eta_N = 10 \log \left(\frac{S_\beta}{S_{\beta \times N} + S_{\beta \times O \times N} + S_e} \right) \quad \text{(db)} \tag{A3.43}$$

　もちろん，温度制御が可能であってもノイズ因子 O を有害成分にするという判断もあります．その場合は前述したように 2 乗和の分解をせずに以下の SN 比を利用します．

$$\eta_T = 10 \log \left(\frac{S_\beta}{S_T - S_\beta} \right) \quad \text{(db)} \tag{A3.44}$$

ノート A3.1　二元配置実験から見えてくるフィッシャー流と田口流の違い

　表 A3.6 の動特性の評価計画の信号因子 M を同一条件の繰り返しを意味する n に変更すると，表 A3.7 の繰り返しのある 2 水準二元配置実験の計画になります．ここで繰り返しの回数を k 回としています．また，表 A3.7 は表 A3.4 の二元配置実験の実験計画に繰り返しを加えた実験計画でもあります．表 A3.7 の $\overline{y}_{ij}$ は k 回の繰り返しの平均値です．この表

表A3.7　繰り返しのある2水準二元配置実験データ

N_g	O_h	n_1	n_2	$\cdots$	n_k	$\bar{y}_{ij}$
N_1	O_1	y_{111}	y_{112}	$\cdots$	y_{11k}	$\bar{y}_{11}$
	O_2	y_{121}	y_{122}	$\cdots$	y_{12k}	$\bar{y}_{12}$
N_2	O_1	y_{211}	y_{212}	$\cdots$	y_{21k}	$\bar{y}_{21}$
	O_2	y_{221}	y_{222}	$\cdots$	y_{22k}	$\bar{y}_{22}$

A3.7 が実験計画法を確立した R. A. フィッシャー流実験計画法の代表的な実験計画です．繰り返しを導入したうえで実験の実施をランダマイズすることが「フィッシャー流実験計画法」の大きな特徴です．この実験計画の狙いは繰り返しnを導入することで実験誤差(偶然的に発生する外乱要因)の評価を可能としたうえで，さらに実験の順序をランダマイズすることで，傾向をもつ外乱要因を偶然誤差化し，制御因子やノイズ因子に入り込むことを排除することにあります．このときの各計測特性の値の構造は以下のとおりです．

$$y_{ij} = \bar{y} + (\bar{y}_{Ni} - \bar{y}) + (\bar{y}_{Oj} - \bar{y}) + (\bar{y}_{ij} - \hat{y}_{ij}) + (y_{ij} - \bar{y}_{ij})$$
$$(A3.45)$$

ここで，式(2.13)と同様に，$\hat{y}_{ij}$はノイズ因子NとOの主効果による推定値であり，式(A3.46)により算出されます．

$$\hat{y}_{ij} = \bar{y} + (\bar{y}_{Ni} - \bar{y}) + (\bar{y}_{Oj} - \bar{y})$$
$$(A3.46)$$

式(A3.45)の右辺の各項は互いに直交しているので，2乗和の分解が可能であり，変動の記号で表現すると以下となります．

$$S_T = S_m + S_N + S_O + S_{N\times O} + S_e$$
$$(A3.47)$$

式(A3.17)では$S_{N\times O}$としていた右辺第4項が$S_{N\times O} + S_e$に分解されて

います．ここで，S_e が前述した実験誤差になります．そして，フィッシャー流実験計画法の目的は S_N，S_O，$S_{N×O}$ の分散を実験誤差 S_e の分散と比較することによって，各ノイズ因子および交互作用の寄与の有意性を判定することにあります．ここに「F 検定」という手法が使われます．かつての日本において，このような実験計画法の手法が普及した背景には，計測特性の値がばらつく原因を明らかにして，対策を打ちたいという問題解決アプローチの意識が強くあったからではないかと考えます．実際に筆者も問題発生の原因究明のために実験計画法を頻繁に使っていました．

　製造現場などでの問題対策の場面では，悪さの原因究明を目的とする実験計画法のアプローチが有効ですが，そもそも製造段階で問題を発生させないことを目的として，開発段階でロバスト性を確保することを目指す場合には，実験計画法のアプローチは効果的とはいえません．技術開発の狙いはノイズ因子に対して計測特性 y の値を安定させることであり，ノイズ因子の寄与を正確に把握することは重要な目的ではないからです．そうであるならば，**表 A3.7** のように繰り返しを実施する代わりに，第 3 のノイズ因子 P を導入したほうが効果的です．なぜならば，ノイズ因子を 2 つから 3 つに増やすことで計測特性 y の変化幅が広がり，SN 比の評価精度が向上することが期待できるからです．

付録 3.3　標準偏差を含む動特性の SN 比

　表 3.4 の直交表 L_9 と L_4 の直積配置の各組合せ条件（$9 × 4 = 36$）での平均値の計測値を $\bar{y}_{ij}$，標準偏差の計測値を σ_{ij} とします．そのイメージを**図 A3.5** に示します．ここで，y_{ijk} の 3 つの添え字は，L_9（$i = 1, \cdots, 9$），L_4（$j = 1, \cdots, 4$），T_k（$k = 1, 2$）です．また，直交表 L_9 の 9 条件の中の信号因子 M の水準を l と表記し，M_l（$l = 1, 2, 3$）とします．

　各ノイズ因子の寄与を分解しないトータルな SN 比の計算方法を以下に示し

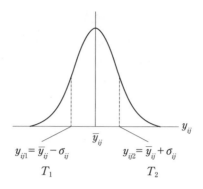

$$y_{ij1} = \overline{y}_{ij} - \sigma_{ij} \qquad\qquad y_{ij2} = \overline{y}_{ij} + \sigma_{ij}$$
$$T_1 \qquad\qquad\qquad\qquad T_2$$

図 A3.5　ばらつき ±σ をノイズ因子 T にする方法

ます．各ノイズ因子の寄与を分解しない場合は，信号因子の水準ごとに繰り返し 3 × 4 × 2＝24 回(L_9内の信号因子 M の 1 つの水準数 × 直交表 L_4の水準数 × 標準偏差の ±σ の水準数)の計測を行ったとみなすことができます．その場合の動特性の SN 比の計算方法を以下に示します．ここで，各信号因子水準でのトータルの繰り返しの水準を改めて $h = 1, \cdots, 24$ と表記し，各計測特性を y_{lh} としました．

有効序数

$$r = \sum_{i=1}^{3} M_i^2 = M_1^2 + M_2^2 + M_3^2 \tag{A3.48}$$

線形式

$$L = \sum_{l=1}^{3} \sum_{h=1}^{24} M_l y_{lh} = M_1 y_{1.1} + M_1 y_{1.2} + \cdots + M_3 y_{3.24} \tag{A3.49}$$

全変動

$$S_T = \sum_{l=1}^{3} \sum_{h=1}^{24} y_{lh}^2 = y_{1.1}^2 + y_{1.2}^2 + \cdots + y_{3.24}^2 \tag{A3.50}$$

比例項の変動

$$S_\beta = \frac{L^2}{24r} \tag{A3.51}$$

トータルの誤差変動

$$S_{e1} = S_T - S_\beta \qquad (A3.52)$$

以上より SN 比は式 (A3.53) で算出されます.

$$\eta = 10 \log \left(\frac{S_\beta}{S_e} \right) \qquad (A3.53)$$

付録 4 ロバストパラメータ設計による VCSEL レーザー開発

　第 3 章ではロバストパラメータ設計を活用した技術開発プロセスを取り上げ，一元的品質と当たり前品質のトレードオフが技術開発の課題となることが多いことを説明しました．ここでは，このトレードオフを示すもう一つの事例として，電子写真エンジンの光学書き込みモジュールに使われるキーデバイスの一つである VCSEL (Vertical-Cavity Surface-Emitting Laser, 図 A4.1) の技術開発にロバストパラメータ設計を活用した事例を紹介します．

　この事例は技術開発プロセス (図 3.2) において，現行の延長線上では目標達成困難と判断し，デバイスの構造や材料，工法を変更する意思決定の下で技術開発したものです．なお，この VCSEL は高い性能とロバスト性の両立が評価され，2015 年度の文部科学大臣科学技術賞を受賞しています．

　VCSEL の計測特性 y はレーザーパワーです．技術開発プロセス (図 3.2 を参照) におけるロバストパラメータ設計の狙いはシステムの限界を評価することであり，具体的には現行のデバイス構造で目標とする性能とロバスト性を確

図 A4.1　VCSEL の外観

保できるかどうかを判断することが第一の狙いです．また，目標未達の場合は
新たな構造や制御因子を考案するための技術情報を得ることが第二の目的です．

　VCSEL 開発においては，**図 3.2** のプロセスをスタートする段階において，
現行の構造で制御因子を最適化しても目標達成は困難だと予測していました．
よって，この技術開発でのロバストパラメータ設計の主目的は新たな構造を考
案する技術情報を得ることにありました．以下にロバストパラメータ設計によ
る実験計画と結果を説明します．

　最初に機能性評価の実験計画を説明します．本事例では次の 4 つのノイズ因
子を取り上げました．

　　①　温度(水準数：2)
　　②　記録条件(水準数：40)
　　③　連続点灯による劣化(水準数：2，初期と連続点灯後)
　　④　チャネル位置(水準数：8)

ここで記録条件とは，発光時間の長さ，発光間隔，隣接した素子の発光有無
などです．これら 4 つのノイズ因子の全組合せ $2 \times 40 \times 2 \times 8 = 1280$ の条件で
レーザーパワーの立ち上がりを計測し，**付録 3.1** の標準 SN 比によってロバ
スト性を評価しました．

　制御因子には VCSEL 内部構造の膜厚や幅などの寸法，材料組成などを取り
上げて直交表 L_8 に割り付けました．最適条件を把握することが目的ではなく，
要因効果図の傾向から技術情報を得ることが目的なので，2 水準系の直交表を
利用して実験を効率化しました．8 回すべてを実験した結果の中で SN 比が最
高の結果(実験 No. 8)と最低の結果(実験 No. 1)の立ち上がり波形を**図 A4.2** に
示します．2 つの条件間の SN 比の差は約 10(db)であり，各制御因子の傾向が
明確に検出されることが期待できます．**図 A4.3** に SN 比および，VCSEL に
おける重要な性能特性であるシングルモードで発振できる上限のレーザーパ
ワーと立ち上がり時間の要因効果図を示します．SN 比と立ち上がり時間は同
じ傾向でありトレードオフはありません．しかしながら，SN 比と上限レー
ザーパワーの間では，制御因子 A が大きなトレードオフとなっていることが

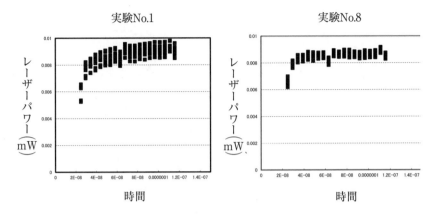

図 A4.2　直交表 L_8 におけるロバスト性の最良と最悪の比較

わかります．これが一元的品質と当たり前品質（図 1.6 を参照）のトレードオフの典型例です．制御因子 E は SN 比を犠牲にせずに上限レーザーパワーを高くする傾向をもちますが，その効果は十分ではありません．

　これらの結果から，制御因子 A のトレードオフを解消することが，ロバスト性と性能目標の両立を達成する最重要課題であることが明確となりました．この知見をもとに高次モードフィルターと呼ばれる新たな構造を考案しました．その結果，制御因子 A のトレードオフを根本解決することが可能となり，VCSEL の実用化に向けて大きな一歩を踏み出すことができたのです．

　この技術開発の成功要因は，第 3 章で述べた LIMDOW-MO の技術開発と同様に，ロバストパラメータ設計を活用して網羅的な実験を実施し，得られた要因効果図から解決すべき課題を的確に判断したうえで図 3.2 の「メカニズム分析」を行ったことにあります．これによって，技術開発の方向性が定まり，開発チームのベクトルを合わせることができました．

　しかしながら，図 3.2 のメカニズム分析パートの活動は従来からの試行錯誤的なアプローチであるという課題は残ります．また，この事例では交互作用の影響が十分に小さく，信頼性の高い要因効果図を得ることができましたが，交互作用の影響を強く受けてしまい，技術開発の方向性を定めるために十分な精

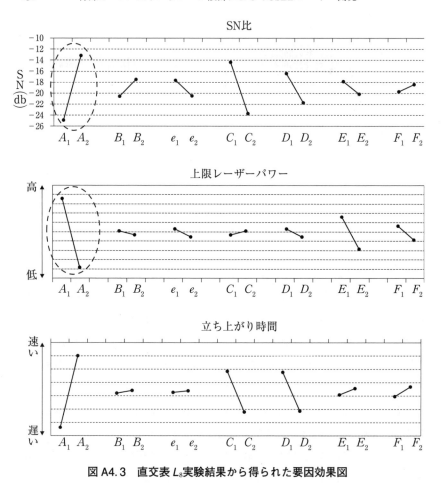

図 A4.3　直交表 L_8実験結果から得られた要因効果図

度での要因効果図を得られないケースも多くあります.

付録5　CS-T 法の解析手順

　ここでは CS-T 法の解析手順について説明します．Ta 法の解析から現象説明率 R^2 および現象説明因子の寄与率に相当する $\varDelta$SN 比の算出までの流れの中で，実際の作業が必要なのは Step 1 の表 A5.1 の作成のみであり，それ以降はすべて統計ソフトで自動的に計算します．

Step 1　データベース作成

　T 法や重回帰分析などの多変量解析を行うための共通のデータベースが表 A5.1 です．表 A5.1 の No.1, $\cdots$, n は図 4.1 の直交表パートの実験の順序です．ここで X_i が各現象説明因子です．CS-T 法における現象説明因子は一般の多変量解析における項目に対応します．現象説明因子の総数を k 個，サンプル数を n 個として，サンプル番号を示す添え字を j とすると，X_{ij} が各サンプルの現象説明因子の値となります．ここでは目的特性を Y_j と記します．直交表実験では割り付け可能な因子の数は列数で制限されますが，T 法や Ta 法では現象説明因子の数に制限がありません．よって，できるだけたくさんの現象説明因子を取り上げることで目的特性と因果関係をもつ現象説明因子を検出する

表 A5.1　Ta 法のデータベース

実験 No.	X_1	X_2	$\cdots$	X_k	Y_j	
1	X_{11}	X_{21}	$\cdots$	X_{k1}	Y_1	$i=1,\cdots,k$
$\vdots$	$\vdots$	$\vdots$		$\vdots$	$\vdots$	$j=1,\cdots,n$
n	X_{1n}	X_{2n}	$\cdots$	X_{kn}	Y_n	
	$\overline{X}_1$	$\overline{X}_2$	$\cdots$	$\overline{X}_k$	$\overline{Y}$	

可能性を高めることができます.

Step 2　データの基準点変換

T 法や Ta 法では，現象説明因子のデータ X_{ij} と目的特性 Y_j の全データを，平均値 $\overline{X}_i$ と $\overline{Y}$ を使って，式(A5.1)，式(A5.2)のように基準点変換の処理をします. 変換されたデータベースが**表 A5.2** です.

表 A5.2　基準点変換したデータベース

実験 No.	X_1	X_2	$\cdots$	X_k	y_j
1	x_{11}	x_{21}	$\cdots$	x_{k1}	y_1
$\vdots$	$\vdots$	$\vdots$		$\vdots$	$\vdots$
n	x_{1n}	x_{2n}	$\cdots$	x_{kn}	y_n

$$x_{ij} = X_{ij} - \overline{X}_i \tag{A5.1}$$

$$y_j = Y_j - \overline{Y} \tag{A5.2}$$

ここで,

$$\overline{X}_i = \frac{\sum\limits_{j=1}^{n} X_{ij}}{n}$$

$$\overline{Y} = \frac{\sum\limits_{j=1}^{n} Y_j}{n}$$

です.

Step 3　各現象説明因子の係数 β と個別 SN 比 η の算出

Ta 法によって原因系の現象説明因子から結果系の目的特性の値を推定します. その推定精度が十分であれば，取り上げた現象説明因子の中に目的特性を改善するものが存在すると判断できます. 原因系である k 個の現象説明因子の数値を使った推定式,

$$\hat{y}_j = f(x_{1j}, x_{2j}, \cdots, x_{kj}) \tag{A5.3}$$

をどのように定義するかを以下に説明します.

　ある一つの現象説明因子 X_i のデータ列と目的特性の列に注目し，目的特性 y_j と現象説明因子の値 x_{ij} の関係をプロットしたイメージが図 A5.1 です．計測された目的特性の値は真値であるので目的特性の値を横軸，現象説明因子の値を縦軸にとってプロットします．真値 y_j と現象説明因子 x_{ij} の関係は最小二乗法によって算出された係数 β_j を使って（式（A3.8）と同様の計算），$x_{ij} = \beta_i y_j$ と定義します．この係数 β_i を使った，

$$y_j = \frac{x_{ij}}{\beta_i} \tag{A5.4}$$

という関係式から，現象説明因子 x_{ij} を使って目的特性 y_j の値を推定することが T 法および Ta 法の基本的な考え方です．ここで，CS-T 法では共通の推定式を使って現象説明率の実験回数に対する傾向を評価するので，項目の取捨選択はせずに，k 個すべての現象説明因子から算出した k 個の係数 β_i をすべて使って目的特性 y_j の値を推定します．ここで，k 個すべての係数 β_i を等しく推定に使うのではなく，各係数 β_i に対して個々に重み付けをするのも T 法および Ta 法の特徴です．その重みは，図 A5.1 の散布図の相関が高ければ高いほど 1 に近い値となり，相関が低ければ低いほどゼロに近い値になります．その重み付けの値の算出に以下に説明する個別 SN 比 η を利用します．

　k 個の現象説明因子ごとに係数 β と個別 SN 比 η を算出します．その方法は

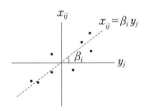

図 A5.1　目的特性と現象説明因子の値の散布図

付録3.1で説明した動特性のSN比と同様です(y_jが**付録3.1**の信号因子になることに注意).

$$r = y_1^2 + y_2^2 + \cdots + y_n^2 \tag{A5.5}$$

$$L_i = x_{i1}y_1 + x_{i2}y_2 + \cdots + x_{in}y_n \tag{A5.6}$$

$$\beta_i = \frac{L_i}{r} \tag{A5.7}$$

次に個別SN比ηを以下のように算出します.

$$S_{Ti} = x_{i1}^2 + x_{i2}^2 + \cdots + x_{in}^2 \tag{A5.8}$$

$$S_{\beta i} = \frac{L_i^2}{r} \tag{A5.9}$$

$$S_{ei} = S_{Ti} - S_{\beta i} \tag{A5.10}$$

$$V_{ei} = \frac{S_{ei}}{n-1} \tag{A5.11}$$

$$\eta_i = \frac{\beta_i^2}{V_{ei}} \tag{A5.12}$$

以上の計算結果を整理すると**表A5.3**になります.

表A5.3　推定式を導出するためのデータベース

実験No.	X_1	X_2	$\cdots$	X_k	y_j
1	x_{11}	x_{21}	$\cdots$	x_{k1}	y_1
$\vdots$	$\vdots$	$\vdots$		$\vdots$	$\vdots$
n	x_{1n}	x_{2n}	$\cdots$	x_{kn}	y_n
β_i	β_1	β_2	$\cdots$	β_k	
η_i	η_1	η_2	$\cdots$	η_k	

Step 4　推定値の算出

表 **A5.3** の各行の k 個の現象説明因子の値 $(x_{1j}, x_{2j}, \cdots, x_{kj})$ を使って，各実験の目的特性の推定値 $\hat{y}_j$ を以下の式により算出します．

$$\hat{y}_j = \frac{\eta_1 \times \dfrac{x_{1j}}{\beta_1} + \eta_2 \times \dfrac{x_{2j}}{\beta_2} + \cdots + \eta_k \times \dfrac{x_{kj}}{\beta_k}}{\eta_1 + \eta_2 + \cdots + \eta_k} \tag{A5.13}$$

この式(A5.13)は，各項 x_{ij}/β_i ごとに式(A5.14)の重みが係数としてかかっている式になっています．

$$\frac{\eta_i}{\eta_1 + \eta_2 + \cdots + \eta_k} \tag{A5.14}$$

この重み付けによって，相関が低い(個別 SN 比が低い)現象説明因子の係数 β_i は推定に使用する寄与を小さくし，相関の高い(SN 比が高い)現象説明因子の係数 β_i の寄与を大きくして推定精度を向上させます．各実験の推定値を算出した結果のデータベースのイメージを表 **A5.4** に示します．

表 A5.4　各実験の推定値を算出したデータセット

実験 No.	X_1	X_2	$\cdots$	X_k	y_j	$\hat{y}_j$
1	x_{11}	x_{21}	$\cdots$	x_{k1}	y_1	$\hat{y}_1$
$\vdots$	$\vdots$	$\vdots$		$\vdots$	$\vdots$	$\vdots$
n	x_{1n}	x_{2n}	$\cdots$	x_{kn}	y_n	$\hat{y}_n$
β_i	β_1	β_2	$\cdots$	β_k		
η_i	η_1	η_2	$\cdots$	η_k		

Step 5　現象説明率の算出

表 **A5.4** の n 個の y_j と $\hat{y}_j$ の値の相関の良し悪しから総合推定の精度(現象説明率)を計算します．そのデータセットが**表 A5.5** です．また，そのイメージ

表 A5.5　現象説明率を算出するデータセット

y_j	y_1	y_2	$\cdots$	y_n
$\hat{y}_j$	$\hat{y}_1$	$\hat{y}_2$	$\cdots$	$\hat{y}_n$

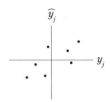

図 A5.2　現象説明率を計算するデータのイメージ

が図 A5.2 です.

表 A5.5 から現象説明率(相関係数の2乗)を以下のように算出します. 表 A5.2 のように基準点変換し, さらに単位空間を全データの平均値とする Ta 法を採用することで, 式(A5.19)の現象説明率は相関係数の2乗となります.

$$r = y_1^2 + y_2^2 + \cdots + y_n^2 \tag{A5.15}$$

$$L = y_1\hat{y}_1 + y_2\hat{y}_2 + \cdots + y_n\hat{y}_n \tag{A5.16}$$

$$S_T = \hat{y}_1^2 + \hat{y}_2^2 + \cdots + \hat{y}_n^2 \tag{A5.17}$$

$$S_\beta = \frac{L^2}{r} \tag{A5.18}$$

$$現象説明率\ R^2 = \frac{S_\beta}{S_T} \quad 0 < R^2 < 1 \tag{A5.19}$$

現象説明率がある程度以上あると判断できれば(例えば60%以上), Step 6 で説明する項目選択による現象説明因子 X_i の検出結果が信頼できると判断します.

Step 6　直交表を使った現象説明因子の検出

　直交表を使った現象説明因子の検出（一般には「項目選択」と呼ぶ）は，各現象説明因子を $\hat{y}_j$ の推定式（A5.13）に使う場合を第 1 水準，使わない場合を第 2 水準として，2 水準系の直交表に割り付けることによって解析します．この直交表の解析は，各行で現象説明率を算出することでも可能ですが，加法性を得るために現象説明率ではなく，以下に示す総合推定 SN 比を用います．

$$\eta_{\text{total}} = 10 \log \left(\frac{S_\beta}{S_e} \right) \quad (\text{db}) \tag{A5.20}$$

　ここで，$S_e = S_T - S_\beta$ です．現象説明因子 X_i を推定に使うを水準 1，使わないを水準 2 として，直交表 L_8 に割り付けて各行の総合推定 SN 比を計算したイメージを表 A5.6 に示します．ここではわかりやすい例として直交表 L_8 を示しましたが，現象説明因子 X_i の数が多ければ，それに応じて大きな直交表を使用します．

　表 A5.6 のように，各行の総合推定 SN 比の計算結果が得られた後は，要因効果図を描き，目的特性の推定精度を改善する効果が大きい現象説明因子を検出します．要因効果図のイメージを図 A5.3 に示します．ここで，第 1 水準（推定に用いる場合）の η_{total} の水準平均値と，第 2 水準（用いない場合）の η_{total} の差（ΔSN 比）が大きい現象説明因子が，総合推定 SN 比（推定精度）を改善する効果が大きい現象説明因子であり，その現象説明因子が目的特性と因果関係をもつと判断します．図 A5.3 の例では現象説明因子 X_1 と X_3 が目的特性と因果関係をもつと判断できます．ところで，図 A5.3 の要因効果図の各現象説明因子（項目）の傾向は，各現象説明因子（項目）間に交互作用があるとその影響を受けてしまいます．交互作用の影響を抑制する方法としては，直交表への割り付けをランダムに変化させて，複数の要因効果図を得てそれらの結果を平均化することが有効です．項目選択の直交表解析は実験を伴うものではないので，解析ソフトを利用すればこの平均化処理を簡便に実施できます．

　図 4.4 の内側直交表の実験を 3 行実施した後に図 A5.2 でプロットされる現象説明率 R^2 の値を式（A5.19）から算出し，それと同時に図 A5.3 から検出さ

表 A5.6　現象説明因子の直交表 L_8 への割り付け

実験 No.	X_1	X_2	X_3	X_4	X_5	X_6	X_7	総合推定 SN 比
1	推定式に使う	推定式に使う	推定式に使う	推定式に使う	推定式に使う	推定式に使う	推定式に使う	$\eta_{\text{total-1}}$
2	推定式に使う	推定式に使う	推定式に使う	推定式に使わない	推定式に使わない	推定式に使わない	推定式に使わない	$\eta_{\text{total-2}}$
3	推定式に使う	推定式に使わない	推定式に使わない	推定式に使う	推定式に使う	推定式に使わない	推定式に使わない	$\eta_{\text{total-3}}$
4	推定式に使う	推定式に使わない	推定式に使わない	推定式に使わない	推定式に使わない	推定式に使う	推定式に使う	$\eta_{\text{total-4}}$
5	推定式に使わない	推定式に使う	推定式に使わない	推定式に使う	推定式に使わない	推定式に使う	推定式に使わない	$\eta_{\text{total-5}}$
6	推定式に使わない	推定式に使う	推定式に使わない	推定式に使わない	推定式に使う	推定式に使わない	推定式に使う	$\eta_{\text{total-6}}$
7	推定式に使わない	推定式に使わない	推定式に使う	推定式に使う	推定式に使わない	推定式に使わない	推定式に使う	$\eta_{\text{total-7}}$
8	推定式に使わない	推定式に使わない	推定式に使う	推定式に使わない	推定式に使う	推定式に使う	推定式に使わない	$\eta_{\text{total-8}}$

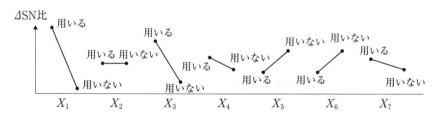

図 A5.3　現象説明因子を抽出するための要因効果図のイメージ(項目選択)

れた現象説明因子の ΔSN を算出します．この R^2 の値と ΔSN の値の実験回数に対する傾向(**図 4.6**)から直交表実験の打切りを判断します．

あとがき

　品質に関する実践分野で世界的に有名な福原證先生から，技法とは「鬼に金棒」の金棒であると教わりました．このフレーズは技法というものを定義する最も簡潔かつわかりやすい表現だと思っています．筆者はこの定義の意味を，①主役は鬼であり技法は脇役である，②金棒は重たいのでそれなりに力のある鬼でなければ振り回せない，③最初は力がなくても振り続ければ力が付いていずれは振り回すことができるようになる，の3つと解釈しています．

　このように技法を活用する狙いを解釈すると，これまでの品質工学は金棒を重たくし過ぎたのではないかと感じます．例えば，自分の技術の素性の良し悪しを素早く知るためにロバストパラメータ設計を実施するべきだと言われても，その提案に納得感をもって従う技術者は少数派でしょう．

　本書の第3章で取り上げた LIMDOW-MO 開発では，約1年半の間にロバストパラメータ設計を複数回実施し，考案あるいは選択したシステムの素性の悪さを自ら把握することを繰り返すという結果となりました．おそらく，品質工学の戦略を知らない周囲からは失敗の繰り返しにしか見えなかったと思います．この技術開発は，矢野宏博士のサポートと，経営層のバックアップがあったからこそ実行できたのであり，当時の一般的なマネジメント環境では到底実施できなかったと思います．

　さらに，現在のように分業化が進み，しかも半年単位で何らかの成果が求められる時代では1年半もの期間にわたってシステム選択と考案を繰り返すような技術開発活動はますます許容されなくなっています．ロバストパラメータ設計を繰り返し活用した1年半は，重要な技術情報を蓄積しながら，それら技術情報を新たなシステムの選択や考案に活かすというとても重要な活動期間でした．品質工学の戦略が十分に理解されない環境では，それが単なる失敗の連続

として認識されてしまうのも仕方のないことですが，そろそろ品質工学の急が
ば回れのアプローチが受け入れられる環境を実現しなければと思います．その
ためには，やや重くし過ぎた金棒を少しでも軽くし，活用効果をより多くの技
術者が実感できる新たな技法を確立することも，われわれ品質工学を推進する
者に求められていることであると思っています．

　そして，それと並行して，品質工学の技術開発戦略の理解を広めていくこと
が大切であると感じています．今まで以上に多くの技術者の皆様に品質工学を
活用していただき，技術開発活動を楽しんでいただきたいと願っております．

　本書で取り上げた技術開発の事例は，㈱ニコン，富士通㈱，および㈱リコー
の多くの方々のご理解とご協力によるものです．筆者が品質工学の有用性を体
験する決定的な機会を与えてくれた LIMDOW-MO 開発は，当時㈱ニコンの
専務であった吉田庄一郎氏を始めとするマネージャーの方々の適切な関与の下
で，筆者と一緒に品質工学の活用に取り組んだ技術者の皆様がいたからこそ目
標を達成することができました．また，富士通㈱では光ディスク事業部門の皆
様の協力を得て品質工学の活用を進めることができました．さらに，㈱リコー
でのインク開発，小型折り機構開発，VCSEL 開発についても同様に創造性豊
かな技術者の皆様が品質工学の考え方を理解し，前向きに取り組んでいただい
た結果として，良い結果を得ることができました．3 社の皆様にこの場を借り
て感謝申し上げます．

　本書は明治大学大学院理工学研究科 2018 年度の博士学位請求論文「品質工
学をベースとした開発技法 CS-T 法と活用プロセスの提案」の前半部分を骨
格として，大幅に加筆・修正した内容となっています．本書のオリジナル版と
いえる博士論文を完成させる過程においては，明治大学理工学部教授の宮城善
一先生より，多くの貴重なご意見とアドバイスをいただきました．宮城先生の
大所高所からのご指導がなければ本書を完成させることができなかったと思い
ます．ここに感謝申し上げます．

　最後に，執筆に関してさまざまな有益なアドバイスをいただいた，鈴木兄宏
氏を始めとする㈱日科技連出版社の皆様に，この場を借りて感謝申し上げます．

索　引

著者紹介

細川 哲夫(ほそかわ　てつお)　博士(工学)

1961 年　生まれる

1987 年　東京農工大学大学院修士課程応用物理学専攻 修了

同　　年　㈱リコーへ入社し，光ディスクの製品設計に従事

1989 年　㈱ニコンへ入社し，光磁気ディスクの技術開発に従事. 品質工学の活用により LIMDOW-MO の事業化に成功

1998 年　富士通㈱へ入社し，磁気ディスクなどの製品設計および品質工学の社内推進に従事

2007 年　㈱リコーへ入社し，品質工学の社内推進に従事

2019 年　明治大学大学院理工学研究科博士後期課程 修了

　現在，㈱リコーで，品質工学を活用した技術開発テーマの支援と人財育成を担当. 東京工業大学非常勤講師(2008 年〜)

[著作]

　『基礎から学ぶ品質工学』(共著，日本規格協会)

[表彰]

　品質工学会 品質工学賞論文賞銀賞(2003 年)，品質工学会 品質工学賞発表賞銀賞(2004 年)，品質管理学会 品質技術賞(2015 年)，21st International QMOD-ICQSS Conference Best Paper Award(2018 年)

[ホームページ]

　http://qecompass.com/

タグチメソッドによる技術開発

基本機能を探索できる CS-T 法

2020 年 5 月 30 日　第 1 刷発行

著　者　細川　哲夫
発行人　戸羽　節文

発行所　株式会社 **日科技連出版社**
〒 151-0051　東京都渋谷区千駄ケ谷5-15-5
DS ビル
電 話 出版　03-5379-1244
営業　03-5379-1238

検　印
省　略

Printed in Japan　　　　　印刷・製本　東港出版印刷株式会社